1小时漫游量子世界

Alien老吴 文 陈莞荑 绘

人民邮电出版社
北京

图书在版编目（CIP）数据

1小时漫游量子世界 / Alien老吴文 ; 陈莞蒉绘. --
北京 : 人民邮电出版社, 2021.12（2023.12重印）
ISBN 978-7-115-57685-9

Ⅰ. ①1… Ⅱ. ①A… ②陈… Ⅲ. ①量子力学一少儿读物 Ⅳ. ①O413.1-49

中国版本图书馆CIP数据核字(2021)第212843号

◆ 文 Alien 老吴
绘 陈莞蒉
责任编辑 赵 轩
责任印制 陈 犇

◆ 人民邮电出版社出版发行 北京市丰台区成寿寺路 11 号
邮编 100164 电子邮件 315@ptpress.com.cn
网址 https://www.ptpress.com.cn
北京虎彩文化传播有限公司印刷

◆ 开本：720×960 1/16
印张：7.5 2021 年 12 月第 1 版
字数：81 千字 2023 年 12 月北京第 3 次印刷

定价：39.90 元

读者服务热线：(010)81055410 印装质量热线：(010)81055316
反盗版热线：(010)81055315
广告经营许可证：京东市监广登字 20170147 号

前　言

2018年夏天，当我坐在办公桌前思考如何提升业绩的时候，怎么也不会想到，自己竟然能在半年之后毅然决然鼓起勇气，在家人的支持下放弃之前的工作，转而做了一名科普视频自媒体创作者；更让我想不到的是，只因做了短短几期量子主题的节目，我就得到了如此多观众朋友们的认可……

总有人问我："老吴，你怎么想起做量子力学的选题呢？"

我总是笑答："还不是因为这类选题流量大，可以多挣一些钱啊！"

量子世界中的神秘现象与我们普遍认识的宏观世界的现象大相径庭，历史上的物理学天才们对量子力学的解读也都是"云山雾罩"，神秘而迷人，比如著名的"杨氏双缝实验""哥本哈根诠释""薛定谔的猫"等。因此，量子力学的科普节目很容易得到观众的认可。

但除了这个现实原因，老吴觉得，量子力学的相关应用在现实世界中有极其重要的作用。老吴甚至认为它决定了人类文明的发展方向，乃至人类的生死存亡。比如书中介绍的"量子锁定（量子悬浮）""量子计算机""量子加密"等技术，如果真能在我们的生活中应用起来，那么将会大大改变人类的生活方式。

老吴特别要跟大家说明的是，编写本书的初心，可不是指导大家去系统学习量子力学，因为早有数不清的科学家在不断地丰富和完善这门学科的核心理论，并不断拓展量子力学的边界。你在网上可以轻松地找到关于量子力学的经典著作。

老吴就是想用连小朋友都能听懂的语言和易于理解的图片，去解释量子力学中那些深奥甚至还没有定论的概念与理论。如果大家因为看了这本书而对量子力学产生了浓厚的兴趣，那么老吴就会觉得自己所做的这件事很有意义。

自媒体人的生活繁忙而有趣，写稿、录制、剪辑等，每一项工作都要认真对待，而出版一本图书更需要万分专注。幸运的是，我在机缘巧合下得到了本书插图绘制者陈莞菁的大力帮助，她仅用铅笔就把物理学大师们“复活”于纸上，还将我制作的平平无奇的说明图进行了重绘，让人过目不忘。

此外，人民邮电出版社的老师们不但对本书内容进行了严谨的考证，还邀请了多位专家来审读，尽量确保本书在趣味性和科学性上达到平衡。

最后，老吴深知自己的认知有限，如果对于某些知识的讲解无法让大家满意，大家也可以通过邮件（wl__2@163.com）或者今日头条、西瓜视频私信（ID：Alien老吴）与我交流。

Alien 老吴

2021年9月

目录

第 1 章　颠覆直觉的量子世界

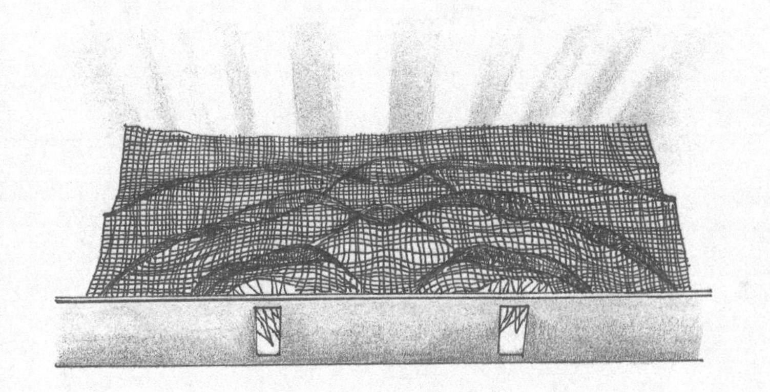

量子力学是一门颠覆经典物理思维的科学。相比人类研究宏观世界物理超过两千年的经验，聚焦于微观世界的量子力学，从理论的提出到今天在现实世界中的应用不过百年，人类只是刚刚叩开了量子力学的大门。

量子力学的现实应用，已经出现在人类生活的方方面面。但是关于量子力学本身，以及与它相关的一些令人匪夷所思的现象，我们暂时能做的，只是认识、接受，对这些现象背后的原理，我们几乎一无所知。接下来，我将介绍一些能够诠释量子力学经典现象的实验和理论，带着大家一窥量子力学的惊奇世界。

普通自然现象背后藏着大秘密

谈到量子力学，人们几乎一定会提到单粒子双缝实验以及这个实验的结果——科学史上最颠覆人们物理常识的实验结果之一。就是通过这个实验，人们开始注意到一个**与符合自己物理直觉的宏观世界截然不同的量子世界**。从实验结果来看，现实的本质可能完全不是物质的，至少与我们熟知的世界大相径庭。

为了弄明白这一现象，我们要从水波双缝实验开始说起。

当实验中人为制造的水波向四周扩散时，在一段距离外，实验者设置了一个中间有两条缝隙的障碍物（图 1.1）。

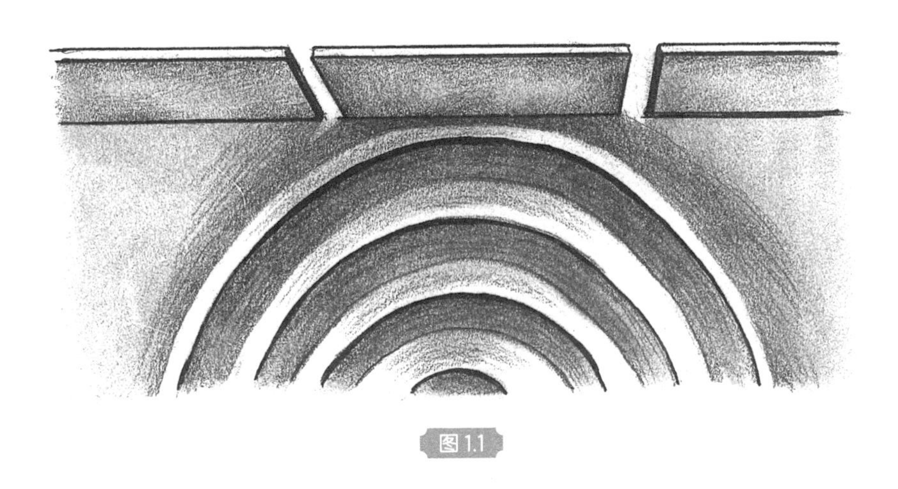

图 1.1

绝大部分水波被障碍物挡住了，但是两条缝隙处是有波纹穿过的。从两处缝隙穿过的波纹，形成了两条新的波纹，而这两条新的波纹在并行状态下，各自的波峰和波谷会相互干涉、相互作用（图 1.2）。

图 1.2

它们所形成的这种独特的图形，被称为干涉条纹（图 1.3）。

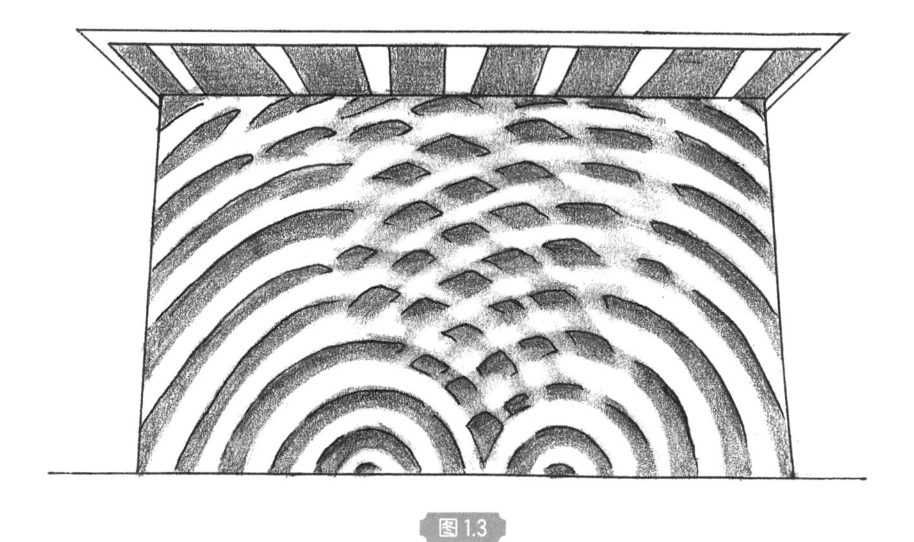

图 1.3

实际上，任何具有波的特性的物质，都会形成类似的干涉条纹。除了刚才说到的水波，声波和光波同样可以。

托马斯·杨和他的经典实验

和小火车托马斯一样，物理学家托马斯·杨（图 1.4）也来自英国，他出生于 1773 年。

图 1.4

1801 年，托马斯 · 杨在实验中首次观察到了光的双缝干涉：一束光经过两条很窄的缝隙后，产生了数条明暗不等的条纹（图 1.5）。对比一下前面的水波双缝实验得到的干涉条纹，是不是非常相似？

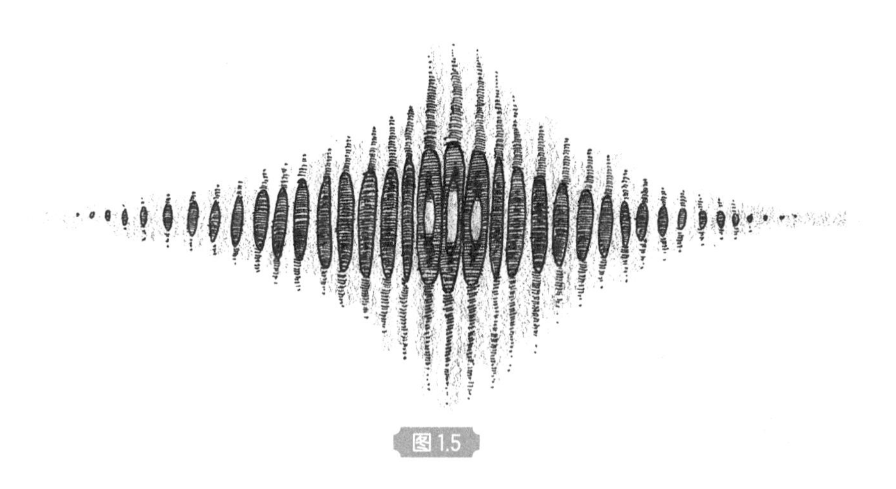

图 1.5

只要你在初中物理课上没有走神儿，你就会知道，光是一种电磁波。因此，鉴于光同属于波，它出现和水波相似的结果也是非常合理的。

光是由不可再分割的一小束电磁能量——光子——组成的。所以每个光子都是电磁场中的一小段波，且每段都是不能再分割的最小状态。在这样的情况下，实验者用光子继续进行双缝实验。发射光子时，每个光子都只能穿过其中一条缝隙（图 1.6）。

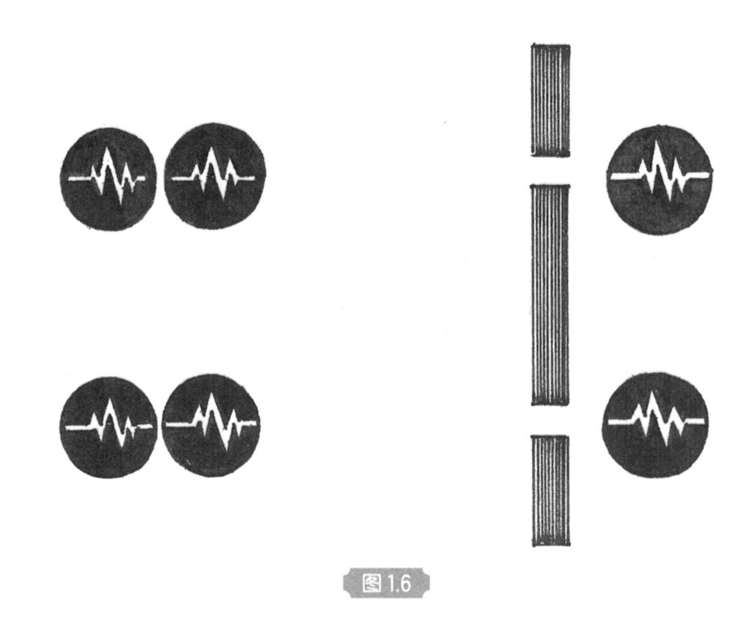

图 1.6

所以如果同时发射多个光子，让它们分别穿过两条缝隙，那么光子的波的特性依然会相互作用，并最终产生干涉条纹（图 1.7）。

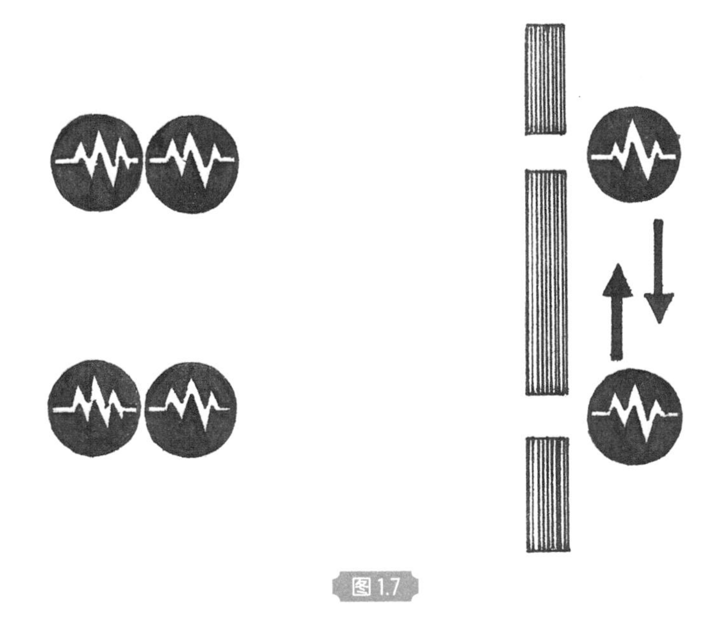

图 1.7

实验进行到这里，一切似乎都没有逃脱我们熟悉的宏观世界的物理规律，似乎量子力学并没有多少神奇之处。

别急！接下来，实验者稍稍修改了一下实验流程，每一次只发射一个光子（图 1.8），在发射多个光子后，干涉条纹依然诡异地出现了！

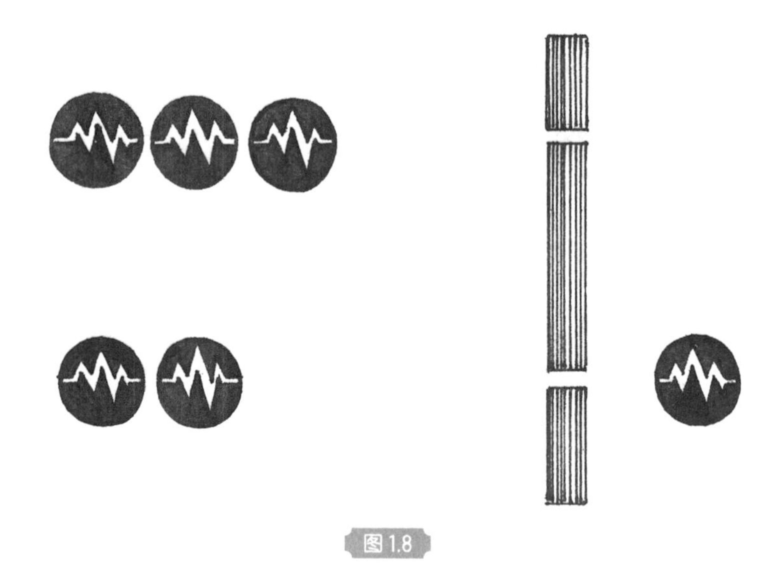

图 1.8

等等，之前我们不是说过，干涉条纹是由至少两个具有类波特性的物质穿过两条缝隙，在并行状态下互相干涉的结果吗？为什么每次只发射一个类波的光子，一次只穿过一条缝隙，在没有任何相互干涉和相互作用的情况下，仍然会出现干涉条纹呢？

情况是这样的，当发射的第一个光子穿过其中一条缝隙后，它会落在一个能观测落点的屏幕上（图 1.9）。

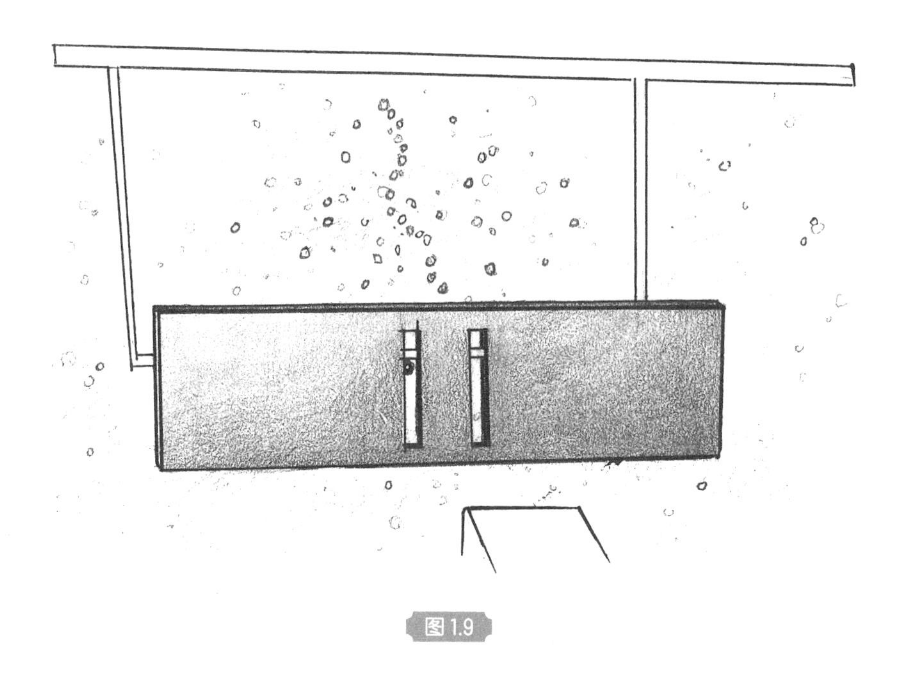

图 1.9

然后发射第二个、第三个、第四个光子也是一样的，它们穿过缝隙，然后在屏幕上留下各自的落点。当实验者不断发射单个光子，落点越来越多时，神奇的干涉条纹就产生了（图 1.10）。

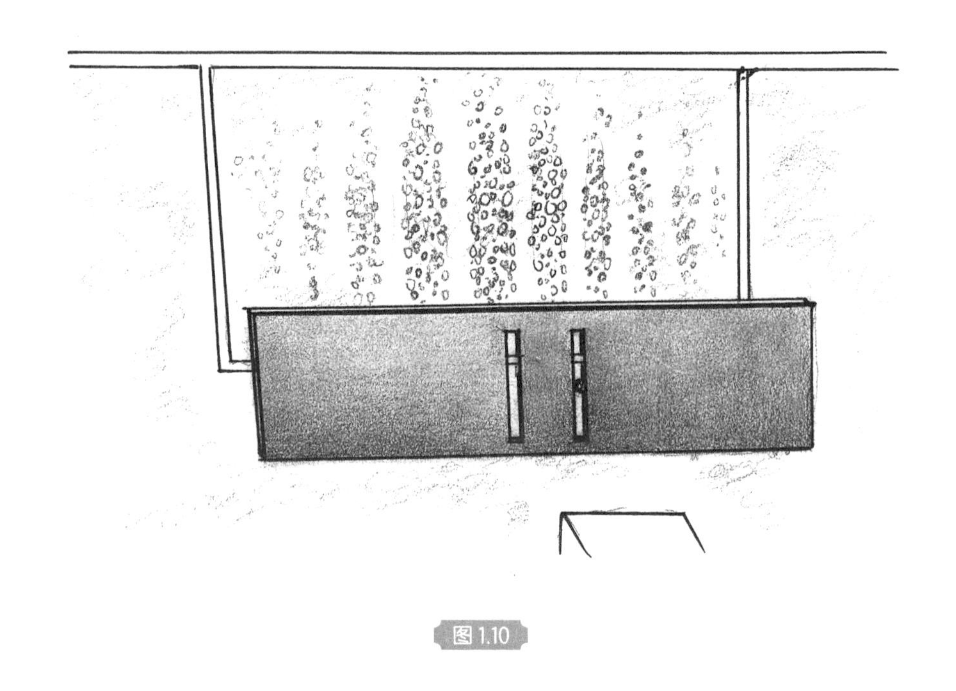

图 1.10

可是，实验者明明每次只发射了一个光子，在运动过程中它能跟谁产生相互作用呢？这一点非常神奇！而且不只是光子，发射单个电子也会产生类似的结果。甚至原子、分子或者是由 60 个碳原子组成的巨型球状分子，也能在相同的实验条件下得出类似的结果。

所以我们不得不接受一个事实：这些组成世间万物，包括你和我的最小物质，都是以某种波的形式穿过两条缝隙，穿过之后又与其自身发生干涉和作用，最终形成干涉条纹的（图 1.11）！但是这样的表述非常抽象。

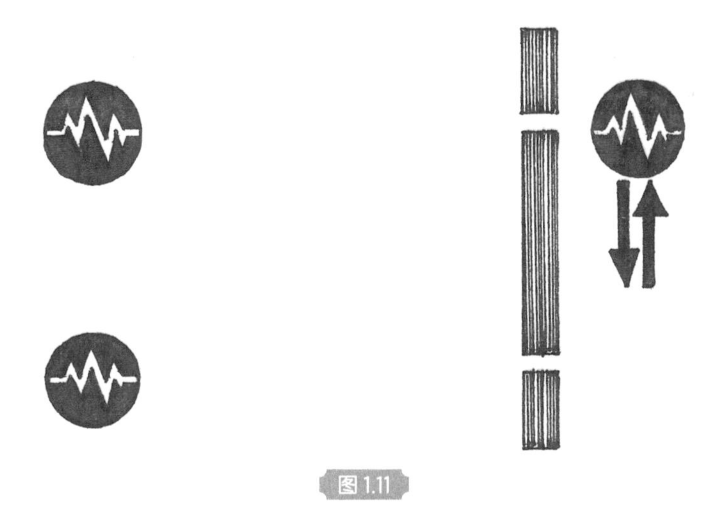

图 1.11

如果打个比方的话，这就好像是，在光子从发出点到落点的路途上，有一张**以特定规律波动的网**（图 1.12）。

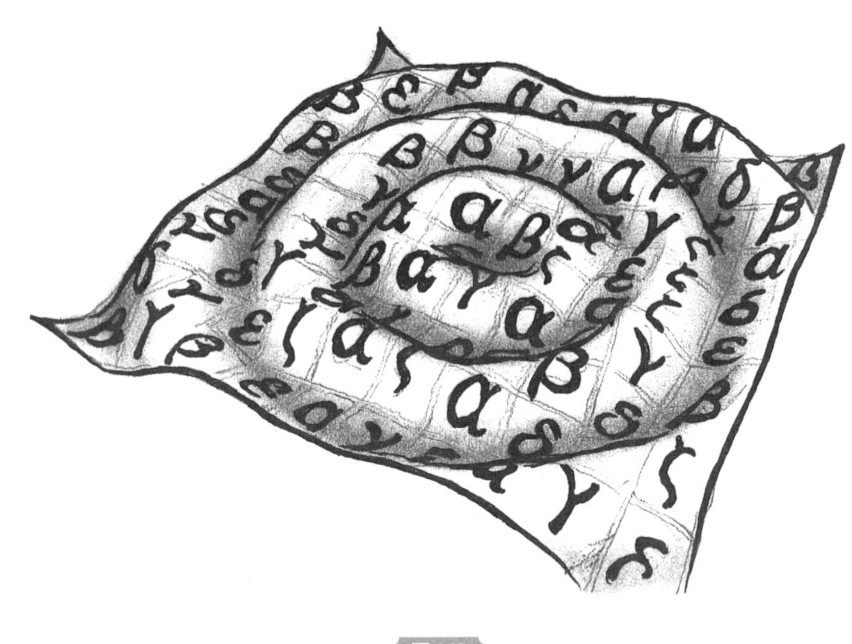

图 1.12

双缝实验揭示量子世界神奇特性

当发射单个光子时，光子的前进路径会受这张网的特定规律的波动影响，最终随机产生一个落点。严格来说，这个光子的落点可以在这张网所影响的范围内的任何一个位置上（图 1.13）。

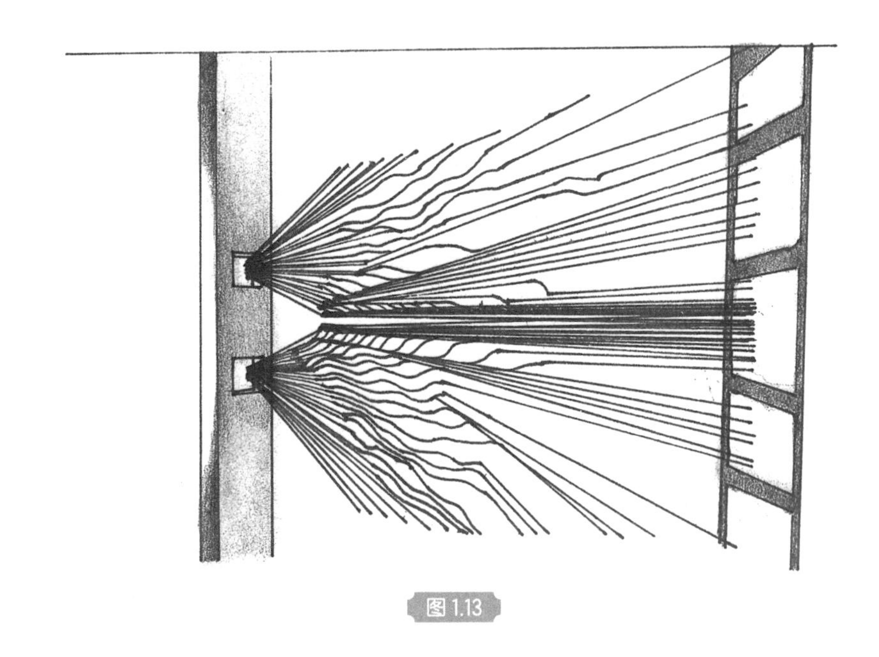

图 1.13

发射的光子数量越多，那么在这张网的特定规律波动下，随机产生的落点就越多。

看上去，实验中发射的多个光子在穿过缝隙后，由于波的特性产生了相互干涉和作用，从而形成了干涉条纹。但实际上，它们并没有产生相互干涉和作用，而是这张看不见的**以特定规律波动的网**在操控着结果。

我不止一次说，这张网是一张**以特定规律波动的网**。那么这个“特定规律”是什么呢？当这张网开始作用于光子的那一刻，这个特定规律就包含光子所有可能的落点信息（图 1.14），以及行程中每个阶段，光子所有可能的位置及轨迹信息（图 1.15）。而这就是量子力学的核心——波函数。

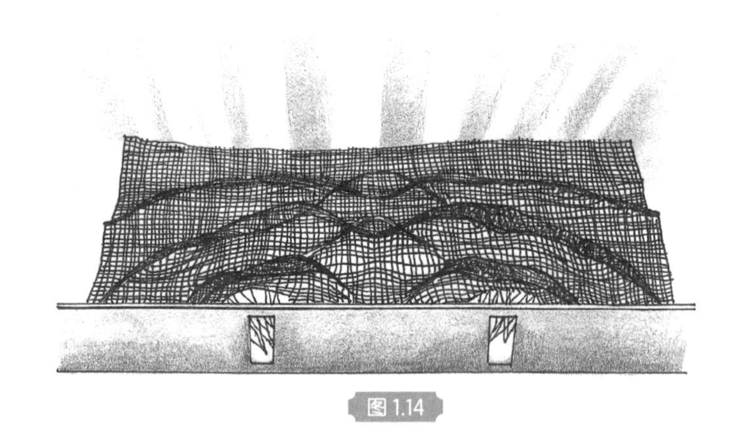

图 1.14

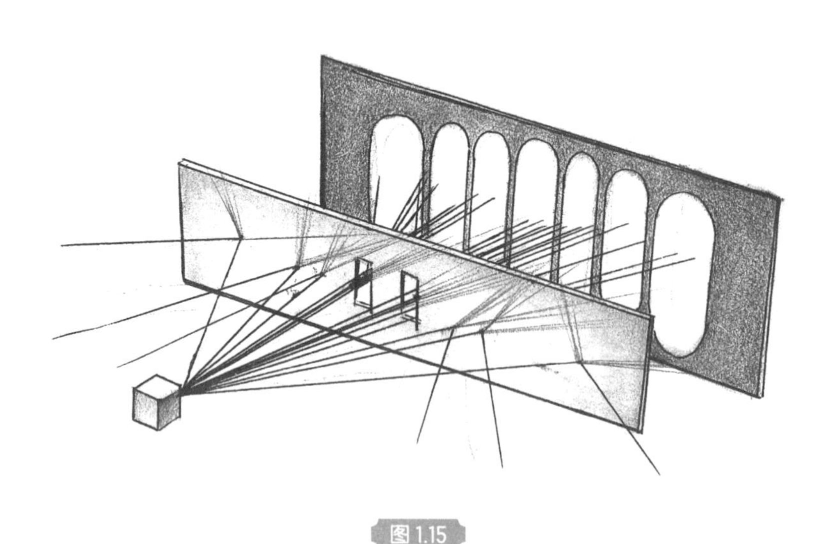

图 1.15

由于我们一开始就设定了这个特定规律发生作用后的绝对范围，因此，实验者每次发射一个光子时，只要发射的光子数量足够多，就能够显示出干涉条纹。但是在特定规律开始作用于光子，到没有产生最终结果的这一阶段，光子的准确位置及运行轨迹处于无法判断的随机状态。这个“特定规律”的规律，人类暂时还不了解。

那么有人会说，在光子被射出后，我们架设一个观测设备，来观测每个光子的整个运行轨迹不就好了吗（图 1.16）？

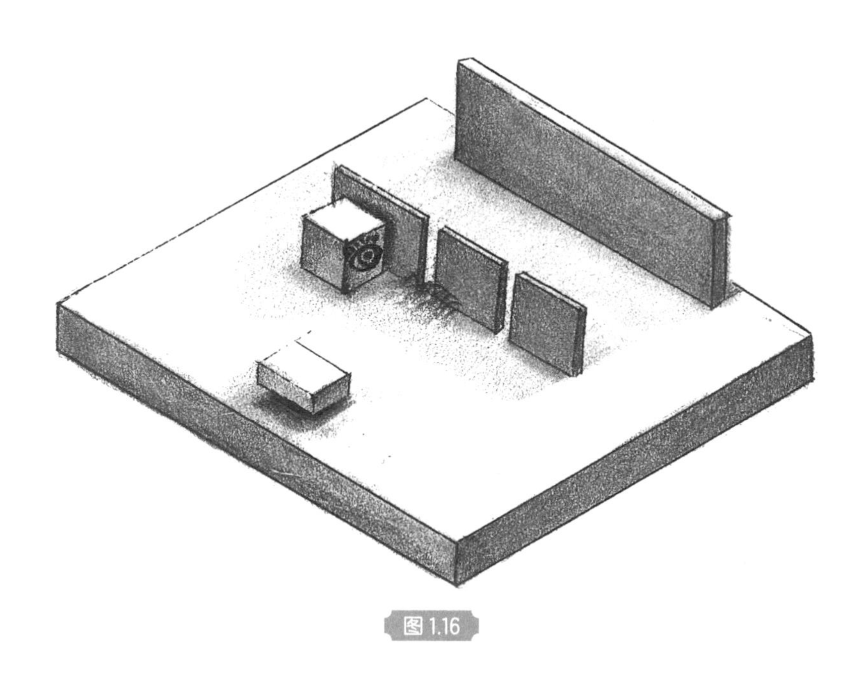

图 1.16

话是这样说，可是当实验者试图使用设备观测光子的运行轨迹时，更诡异的事情发生了！这些被全程观测运行轨迹的光子，不再显示出波的特性。实验中记录光子落点的屏幕，也没有像我们想象中的那样，出现完美的干涉条纹。不管实验者发射多少光子，也不管一次只发射一个光子还是同时发射多个光子，记录光子落点的屏幕上显示的只是与两条缝隙大小一致的光直射图形（图 1.17）。这些被全程观测运行轨迹的光子，完全展现出了另外一种特性，即宏观世界中粒子的特性！

图 1.17

只观测结果和只观测过程会展现出不同特性的奇怪现象，反映的就是量子力学中所称的波粒二象性。而那张波动的网，因为被观测了过程就失去了特定规律的诡异现象，被称为**波函数坍缩**。

为什么当实验者试图观测光子完整的运行轨迹和最终落点时，这张以特定规律波动的网就不存在了？就好像有一股神秘的力量在故意捉弄实验者，让实验者包括我们这些看客无所适从。

其实这一神奇的现象，也只是量子世界中诸多有悖于人类直觉的现象中的一种。至今物理学家们也只是拉开了量子世界这个神奇小屋的一道门缝，只看到了一点儿而已。

那些组成世间万物包括你和我的最小单元，它们的物理法则是极其“古怪”的。物质的行为轨迹存在与否都是概率。换句话说，假如将量子力学描述的微观世界的物理法则套用在我们人类身上，那么瞬移、穿墙、心灵感应等超能力都不在话下，甚至连时间都会成为叠加了过去、现在以及未来的混沌状态。

第 2 章　波函数与不确定性
——哥本哈根诠释

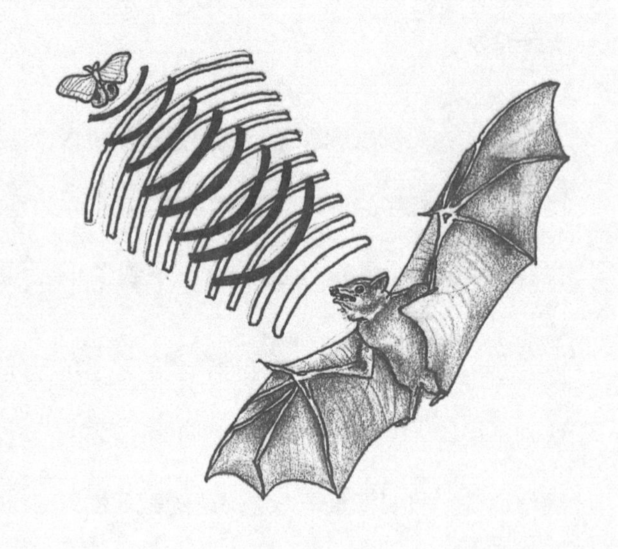

某个秋天的下午，你请朋友在一家甜品店享受丰盛的下午茶，当你帅气地拿出手机扫码结账时，却看到账户余额不足的提示。你心一慌，手一抖，手机从指间滑落。

就在这一瞬间，问题来了。你可以通过一系列参数，求出手机的最终落点吗？我想大部分人还是会给出肯定的答案。因为只要数据够精确，也就是套用几个公式，我们不但能得出手机的最终落点，甚至可以计算出手机从掉落那一刻到最终落点之间每一个时间点上的轨迹。

人类就是通过发现物理规律来寻找这个世界的答案，并屡试不爽的。但这一真理，仅仅存在于我们熟悉的宏观世界，在微观世界的物理法则下，情况就完全不同了。

在量子力学所描述的微观世界中，手机从你的指间掉落那一刻开始，到最终落点之间，每一个时间点上的轨迹，都是以概率的形式存在的，当然也包括最终落点。也就是说，在微观世界的物理法则下，手机掉落的路径和最终落点，都是无法精确计算的概率。手机可能在一个绝对范围内，顺着任何一条路径，落在任意一个点上，而且每次的结果都不会完全相同。

薛定谔与波函数

第 1 章中我们谈到了光子在双缝实验中会表现出波或粒子两种宏观世界物质的物理特性。并且向大家说明了，在双缝实验过程中，每次发射单个光子，同样会出现干涉条纹的“反直觉”实验结果。其实光子表现出的这种特性，跟刚才我们举的例子如出一辙。

我们还举过一个例子，也就是在实验过程中，光子从发出到到达落点这段路径上，有一张以特定规律波动的网。当发射单个光子时，光子会受这张网的特定规律波动影响，最终随机产生一个落点。随着发射的光子数量越来越多，在这张网的特定规律波动下，随机产生的落点就会越来越多，也就形成了干涉条纹。而与这张以特定规律波动的网相关的，就是本章讲述的重点，也是量子力学的核心——波函数。

波函数之于量子力学，就相当于光速不变理论在狭义相对论中的重要地位，它们都基于假设的前提，却又是某种理论的关键底层逻辑。简单来说，就是不要问波函数的原理是什么，因为根本没人知道，你只需要了解波函数是一种复指数函数，表示粒子在某个位置上的**概率**，其绝对值的平方代表某个时间点自由粒子在某个位置的**可能性**。

用更加通俗的话说就是，波函数表示某个时刻，在一个给定空间内能够找到这个粒子的概率。

而且从目前看来，这个假设一直都有相应的实验结果和现实应用来支撑，比如双缝实验、量子纠缠、量子密钥以及量子计算机等。说起波函数方程的由来，就不得不提到埃尔温·薛定谔（图 2.1）。

图 2.1

对物理稍感兴趣的读者，想必一定听说过大名鼎鼎的“薛定谔的猫”，但薛定谔对量子力学的最大贡献，其实是他在 1926 年发表的薛定谔方程（又称薛定谔波动方程）。

薛定谔在发表波动方程后，研究量子力学的另一位科学家马克斯 · 玻恩（图 2.2），发现了其中蕴藏的深刻含义，并给出了后来成为学界标准的**概率密度函数**诠释，也就是前面说到的，在某个时刻，在一个给定空间内能够找到这个粒子的概率。

图 2.2

这之后，薛定谔方程成为波函数的微分方程，玻恩也因此获得了诺贝尔物理学奖。

了解了波函数之于量子力学的意义以及波函数的由来之后，我们还需要知道量子力学中一个非常重要的概念，就是“不确定性原理”，它还有一个特别通俗易懂的名字——测不准原理。

不确定性原理

第 1 章讲到过，当科学家试图在双缝实验中使用测量设备观测光子的运行轨迹时，这些被全程观测运行轨迹的光子就会失去波的特性。实验中记录光子落点的屏幕，也没有像我们想象中的那样，出现完美的干涉条纹。不管发射多少光子，也不管一次只发射一个光子还是同时发射多个光子。记录光子落点的屏幕上显示的只是与两条缝隙大小一致的光直射图形。

这些被全程观测运行轨迹的光子，完全展现出了另外一种特性，即宏观世界中粒子的特性！这种现象给人的感觉就好像光子在跟我们躲猫猫一样。那么究竟是什么导致了这种现象的产生呢?

为此，1927 年，哥本哈根学派的代表人物维尔纳 · 海森伯（又译为维尔纳 · 海森堡、沃纳 · 海森堡）（图 2.3）提出了不确定性原理的概念。

图 2.3

海森伯认为，任何实验测量都会有误差，因此，被测量物质的物理量也只能被确定至某种精度。假设使用显微镜来测量粒子的位置，那么测量行为会不可避免地干扰粒子的动量，造成动量的不确定性。作为普通人的我们，具体应该怎么理解这一概念呢？再来举一个例子。

蝙蝠拥有一套超声波发射和接收装置，它向四周发出一段超声波，当超声波遇到物体时，会反弹回蝙蝠的超声波接收器，蝙蝠自身的信息处理系统会根据超声波返回的方向、时间等一系列信息，得出物体的方位、大小和距离。

而超声波的质量和作用力不会对宏观世界的物体产生影响，致使其位置发生改变。所以，蝙蝠就会收到物体的准确信息，来帮助它做出正确的判断（图 2.4）。

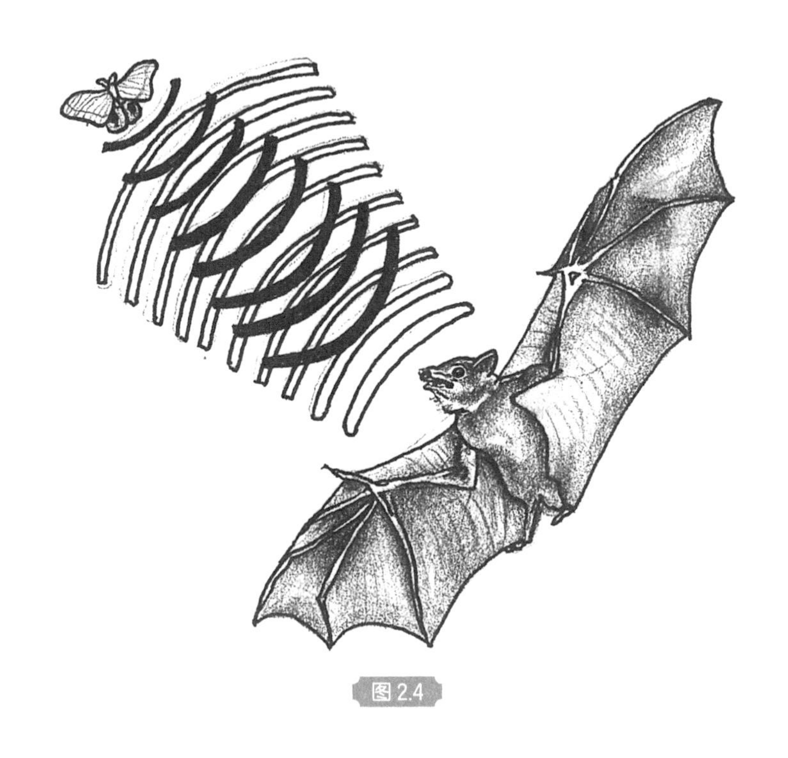

图 2.4

而在双缝实验中，观测设备的介入，则明显会对光子产生影响。为了更好地说明问题，我们将观测者与被观测者都用宏观世界的某种物质代替，再从经典物理学的角度来说明这一现象。

假设，有这么一个人，他的眼睛看不见，但是他拥有一套和蝙蝠的超声波定位系统差不多的判断物体位置的设备。这个设备的工作原理是，当打开观测开关时，设备就会向四周发出强风，然后根据风的受阻情况，来判断并得出被观测物体的信息（图 2.5）。

图 2.5

这个人有一个喜欢射箭的朋友，每次射 10 箭，都会得到 99 环的成绩。10 次中总有一次是 9 环，这个结果就好像是干涉条纹一样。每次朋友射完 10 箭，由于这个人看不到结果，他就会打开设备来观测。强风吹到插了 10 支箭的箭靶上，反馈回了 9 个 10 环和 1 个 9 环的结果（图 2.6）。

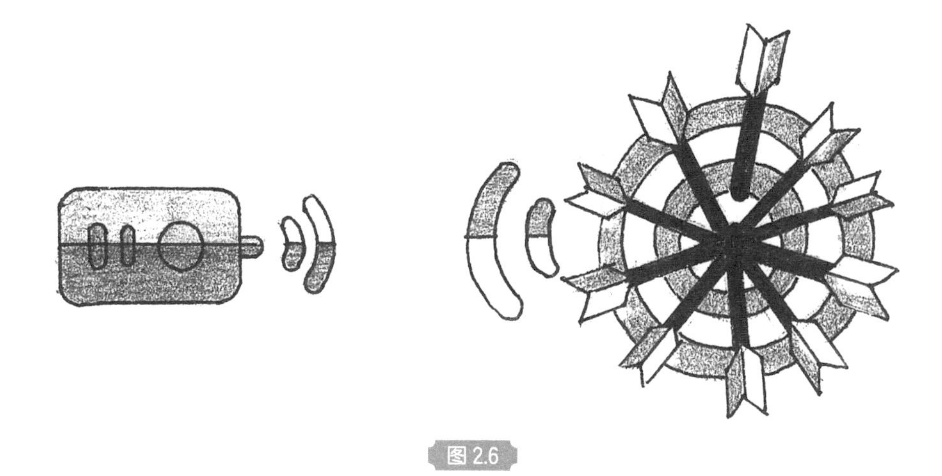

图 2.6

可是，他很好奇朋友为什么每次都有一个 9 环。所以下一次朋友开始射箭时，他就打开了设备观测，想要知道过程中究竟是哪一个环节出了问题。结果朋友每次射出的箭，都被设备的观测强风吹到了另外一个固定的位置上（图 2.7）。

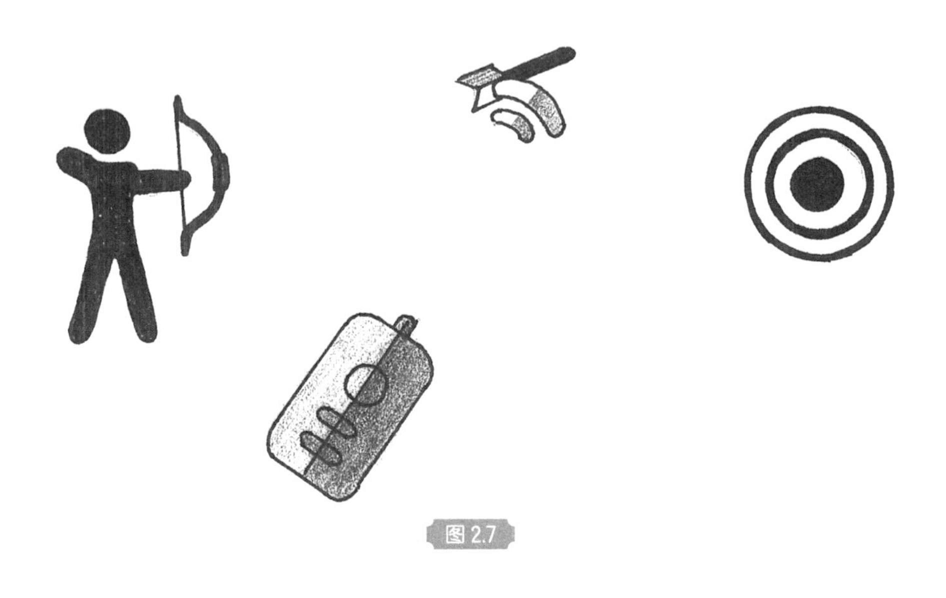

图 2.7

设备的观测强风，就像双缝实验中介入的观测设备，测量行为本身也会发出类似电磁波一样的物质去干扰实验结果。

在不确定性原理被提出后，尼尔斯 · 玻尔很快又完善了量子力学的互补原理。

互补原理

就概念而言，微观物体具有波动性或粒子性，有时会表现出波动性，有时会表现出粒子性。当描述微观物体的量子行为时，必须同时思考其波动性与粒子性，必须将分别描述波动性、粒子性的概念都囊括在内。按照玻尔（图 2.8）的说法，微观物体的波动性与粒子性互补。

图 2.8

这两个概念可以被看成同一个硬币的两面，而我们永远不能同时看到硬币的两面。

以上提到的波函数、不确定性原理以及互补原理共同组成了量子力学中著名的哥本哈根诠释。

它告诉我们，人类对于微观世界的认知是具有不可避免的局限性的，比如当你想测量粒子的位置、轨迹等信息的时候，因为使用了其他手段导致测量变得没有实际意义。所以根据哥本哈根诠释，微观世界物质的位置、轨迹甚至存在与否都是概率性事件。

但让人不能理解的是，既然组成世间万物的微观物质都是以概率的形式存在的，为什么宏观世界的一切又都是如此确定的呢？没错，当时的爱因斯坦也是这么想的！所以也就有了我们第 3 章要讲到的科学界著名的“世纪大战”——玻尔 - 爱因斯坦论战。

第3章　量子纠缠
——爱因斯坦与量子力学

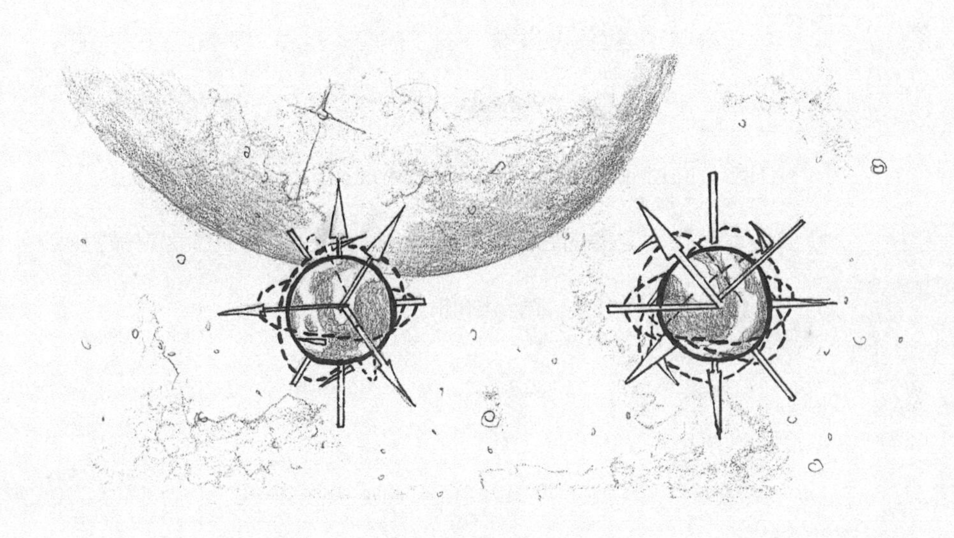

第 2 章中我们说到，根据哥本哈根诠释，微观世界的物质都是以概率的形式存在的——如果你不对它进行测量的话，它甚至没有存在的意义。

然后，爱因斯坦对哥本哈根诠释提出了质疑：“如果你不看月亮，月亮就不存在吗？”

在微观层面，如果你不看（测量）月亮，那么可以认为它不存在。没错，在微观世界中，量子力学的核心概念就是如此令人困惑。而且在你深入了解它之后还会发现，在微观世界的物理法则下，我们坚信的因果律，以及时间和空间的概念都将被打破，不但因果可能倒转，甚至时间也会倒流。

玻尔－爱因斯坦论战

1927 年 10 月，在布鲁塞尔召开了第五届索尔维会议，参加这次会议的 29 名科学家中，有 17 人先后获得了诺贝尔奖，而且会议期间拍摄的一张“人类最强大脑”的合影到今天依然为人津津乐道（图 3.1）。

图 3.1

而他们聚集在此，是为了讨论在当时还未被大众认识和接受的新兴理论，也就是描述微观世界的量子力学。在会议上，因修正了牛顿力学并且发表了相对论而备受推崇的爱因斯坦，和量子力学奠基人之一的玻尔发生了激烈的争论。爱因斯坦以“上帝不会掷骰子”的观点，来反对海森伯提出的不确定性原理。而玻尔也反驳爱因斯坦“不要告诉上帝该怎么做”。这著名的争论被后世称为“玻尔－爱因斯坦论战”（图 3.2）。

图 3.2

虽然爱因斯坦一直无法全盘接受量子力学，认为这套理论存在漏洞，但是他却在量子力学理论方面做出了突出的贡献。因为他提出了一个在当时的量子力学理论中还没有的概念，也就是这一章的主题——量子纠缠（图 3.3）。

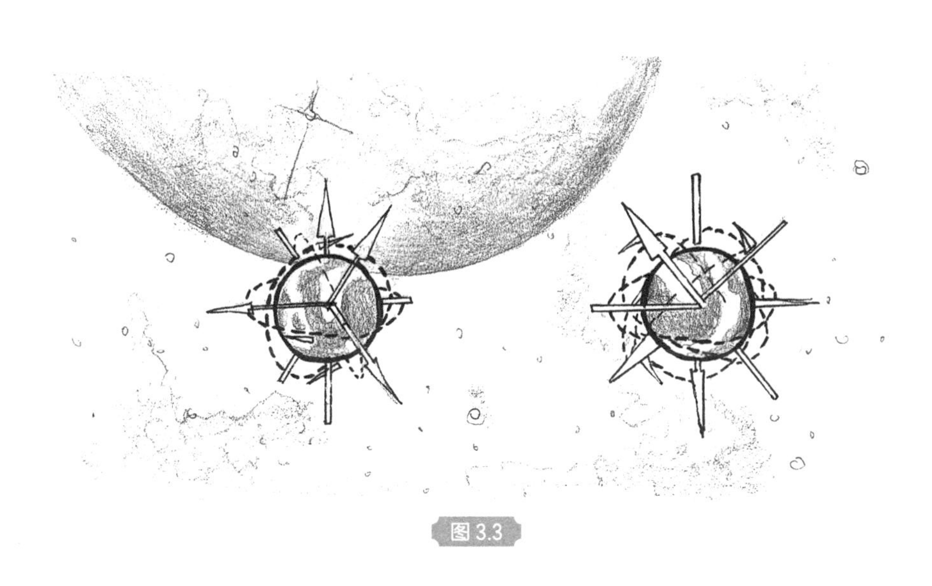

图 3.3

爱因斯坦对量子力学提出质疑

索尔维会议上提出的哥本哈根诠释，对当时的科学家们来说非常震撼——粒子，也就是组成世间万物的基本单元，在量子力学描述的微观世界中，是以概率的形式存在的。当你不对其进行测量的时候，它就处于不确定状态，或者你可以干脆认为它不存在。

爱因斯坦（E）无法接受这种说法。他始终认为哥本哈根诠释有着严重的缺陷，所以他想尝试找出理论中不完备的地方来进行驳斥，并且在 1935 年联合波多尔斯基 (P) 和罗森（R）提出了著名的 EPR 佯谬来质疑哥本哈根诠释。

EPR 佯谬论证了哥本哈根诠释中的一个漏洞，即粒子间一种不可能的联系。比如，一个粒子衰变成两个纠缠态粒子，它们之间不论相隔多远——假设一个在地球，另一个在火星，当然也可以更远——根据哥本哈根诠释，假如测量地球上的这个粒子的自旋状态，使它从不确定状态变成确定状态，会瞬时影响火星上的另外一个粒子，也就是说这个过程是超光速的。

了解相对论的读者都知道，爱因斯坦推定，光速在宇宙中是恒定的，而且光速也是宇宙中最快的速度，没有什么能比光速还快，所以这个超光速显然是说不通的（图 3.4）。

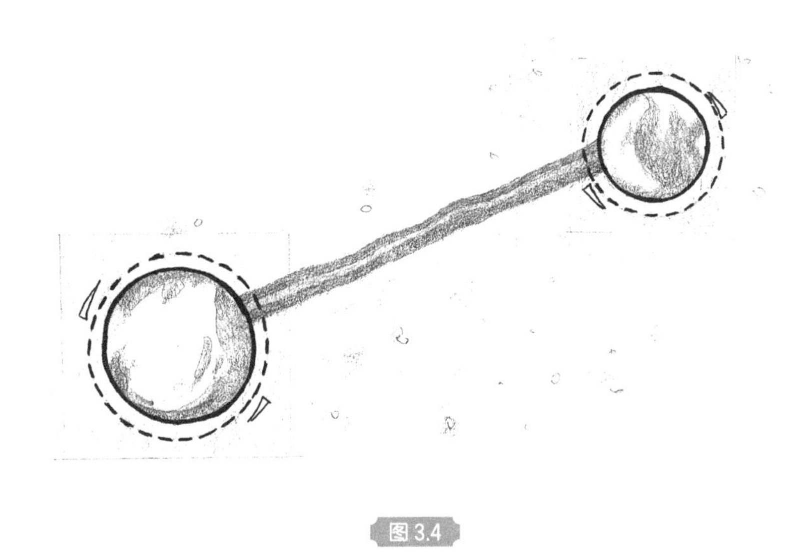

图 3.4

EPR 佯谬的核心是三人坚持的定域实在论，其中的定域性是说，某一个地点发生的某件事，不可能瞬间影响或者改变另一个地点正在发生的事情。任何信息的传递，都需要时间和空间进行传导。

另外，爱因斯坦始终认为，粒子的状态应该是真实而确定的，而不应该是概率和不确定的。他觉得粒子的状态从一开始就是确定的，它只是被包裹在更深层的原理之中，比如隐变量理论，然而不能因为它测不准，就不去探究它隐藏的规律。

所以才有了前面提到的那句有名的对量子力学的质疑：“如果你不看月亮，月亮就不存在吗？”

基于以上两点，在爱因斯坦看来，量子力学无法合理解释“远距离幽灵效应”（幽灵般的超距作用，也称鬼魅般的超距作用）。大家要明白的是，爱因斯坦质疑量子力学是因为其不够完备，而不是错误，这源于科学家应该秉持的严谨精神。

量子力学推动人类科技发展

玻尔看到了爱因斯坦的这篇论文后，写了一篇同名的论文予以回击，大意是说，在微观世界，一个粒子就是能以某种方式影响另一个粒子，这与宏观世界的情况有着根本的区别。

所以定域性和粒子初始状态的真实性，这些在宏观世界的基本常识，放到微观世界就是不成立的。另外，薛定谔也在同一时期对 EPR 佯谬发表了自己的看法，最重要的是，他还给这个看似不可能的现象起了一个名字——量子纠缠。

其实，玻尔的回击明显有些苍白无力，但碍于当时的科研局限性，谁也无法利用实验去证实这个现象的存在和真实性，也就更无法反驳爱因斯坦对量子力学并不完备的质疑。直到两人相继过世，人们也没有分出对错来。但这并不妨碍科学家和工程师们利用哥本哈根诠释的原理去改变我们的世界。

抛开关于量子纠缠的争论，量子力学在曼哈顿计划中大显神威，帮助人类制造出了第一颗原子弹。20 世纪 50 年代，位于美国新泽西州的贝尔实验室也利用量子力学理论开发出了世界上第一批激光器，包括现在已经无处不在的小型电流控制器，也就是晶体管，它奠定了人类后来的科技发展基础。我们目前拥有的高科技设备，大多都基于这门学科。

爱因斯坦对于那个根本无法接受的幽灵般的超距作用的疑问，在 1964 年也终于有了有力的回应。一位名叫约翰 · 贝尔的物理学家提出了一种检验量子纠缠的思路，那就是证明两个纠缠态粒子之间的联系是否存在隐变量。

但由于纠缠态粒子在实验环境下非常难以获取，所以直到 20 世纪 70 年代，人们才终于证明了两个纠缠态粒子之间是不存在隐变量的。换句话说，也就是超距作用是事实存在的。

虽然实验中的漏洞和瑕疵，直到 2016 年才被彻底澄清，但量子纠缠的现实应用，其实早已悄然拓展着人类未来科技发展的上限。最典型的案例就是科学家利用量子纠缠特性制造出了量子计算机，实现了普通计算机根本无法企及的强大算力。关于量子计算机，我们也会在后面的章节为大家详细介绍。

幽灵般的超距作用

回顾完科学家们关于量子纠缠的争论，我们回到本章要讨论的重点。爱因斯坦质疑的量子纠缠体现的超距作用，究竟是如何实现的呢？

爱因斯坦对非定域性的质疑，可能有点难以理解，因此我们可以将它想象成多米诺骨牌在被推倒后的效果（图 3.5）。

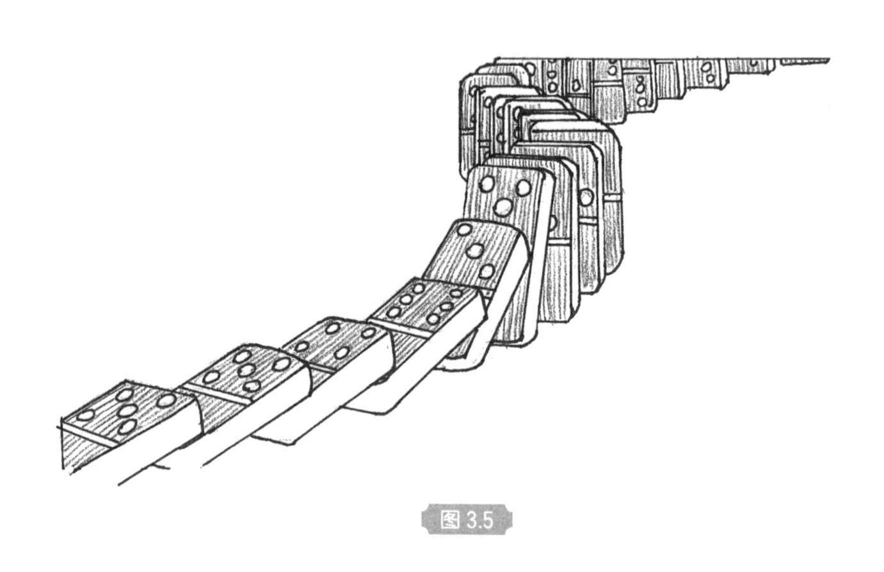

图 3.5

每一张牌的倒下很明显是需要时间的，而这个倒下动作的传导速度需要比光速还快。关于这一点的质疑，至今也没有一个可以被印证的合理解释。我们只知道这种幽灵般的超距作用是真实存在的。时至今日，量子纠缠的原理在科学界依然是未解之谜。

为了解释这个神奇现象，英国物理学家玻姆提出了全息宇宙的概念。大意是说，我们所在的宇宙是一个真实宇宙的全息投影，真实宇宙中的粒子和我们所在的宇宙的粒子，其实就是一个粒子，所以它们之间并不存在空间。比如，你现在看到的图 3.6 中的画面是从一个人物的 3 个面分别拍出来的。

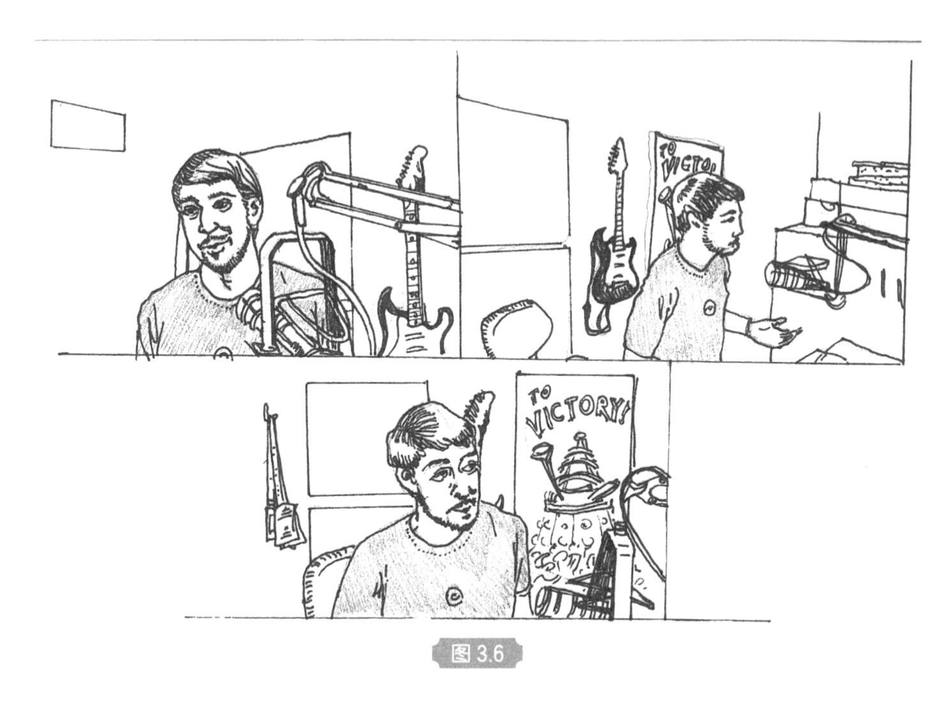

图 3.6

如果 3 台摄影机的影像都投到了某个空间，那么我们在这个空间内观察这个人物，就会发现量子纠缠现象——其中一个投影影像的人物发生变化，另一个投影影像的人物也会发生与之对应的变化。

这样一来，不仅能解释神奇的超距作用，而且也不与爱因斯坦的狭义相对论产生冲突。遗憾的是，这个说法仅仅在数学领域能够自圆其说，尚未被任何实验或客观现实证明。

第4章　不可思议的“穿墙术”——量子隧穿效应

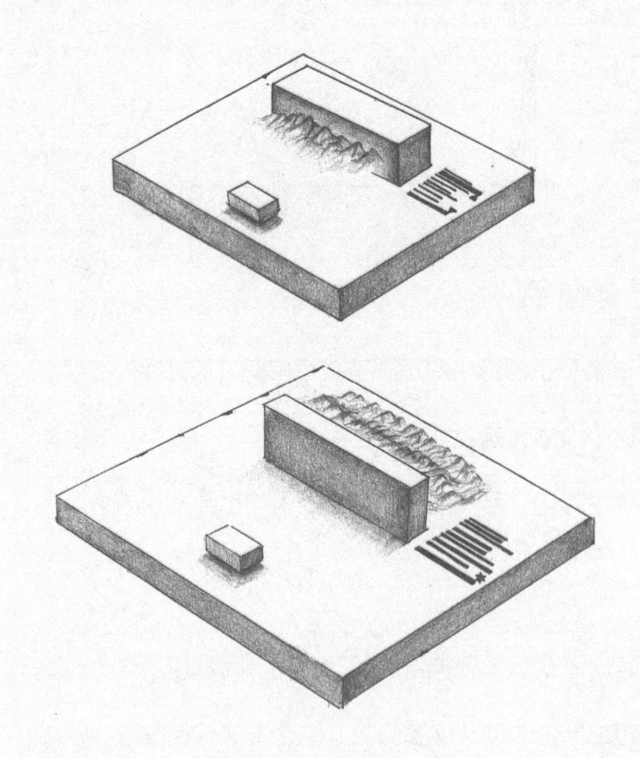

拥有无数个分身、能够瞬间转移、会穿墙术，这几乎是每个对世界充满好奇和幻想的少年都曾经梦寐以求的超能力。可当你慢慢长大，学习了基本的物理知识后，你就会意识到，我们所生活的这个世界中，其实并不存在这样违背基本物理法则的超能力。一切事物的运行，其背后都有一套亘古不变的物理体系在发挥着作用，我们也习惯称它为真理。直到有一天，当量子力学中的一些神奇特性被一点点揭示后，我们对于这个世界的好奇心似乎又被重新点燃了，比如这一章我们要讨论的，微观世界中粒子所展现出的“穿墙术”——量子隧穿效应。

穿透障碍物的量子隧穿效应

我们都知道，在宏观世界的物理法则下，当你把一个皮球踢向墙壁时，球必然会被反弹回来。但如果是在微观世界的物理法则下，情况就完全不同了，皮球是有一定概率穿过墙壁的。而这种微观世界的物理法则下产生的奇特现象，就是所谓量子隧穿效应，也是我们刚刚谈到的粒子“穿墙术”。

现在我们假设一个场景，你处在一个山谷中，想要球在不施加外力的情况下，从你所在的山谷的一边松开手，让手中的球自己滚落下去，那么这个球滚向另一边山坡时的最终高度，是不可能超过你松开手时球所处的高度的。除非你能给这个球施加更多的外力，它才有可能翻越对面的山坡。但如果是在微观世界中，我们把这个球替换成粒子，那么由于粒子的不确定性，必须要以概率分布来描述，所以粒子所在的位置就会呈随机的概率分布。而具体如何分布，则是由这个粒子的波函数所主导的，也就是说，当你不去测量这个粒子的状态时，它可能出现在一个绝对范围内的任何位置，自然也就有可能出现在障碍物之后。

法国物理学家德布罗意提出物质波（也称德布罗意波）的概念，也就是德布罗意假说，大概意思是：所有物质其实都是一种波。它是一种描述每个位置上物质出现概率的波包。任何物质都有德布罗意波长。德布罗意波长可以表示物质的位置有多么确定。德布罗意波长越长，那么物质的位置就具有越高的不确定性（图4.1）；德布罗意波长越短，则表示物质的位置越接近确定（图4.2）。

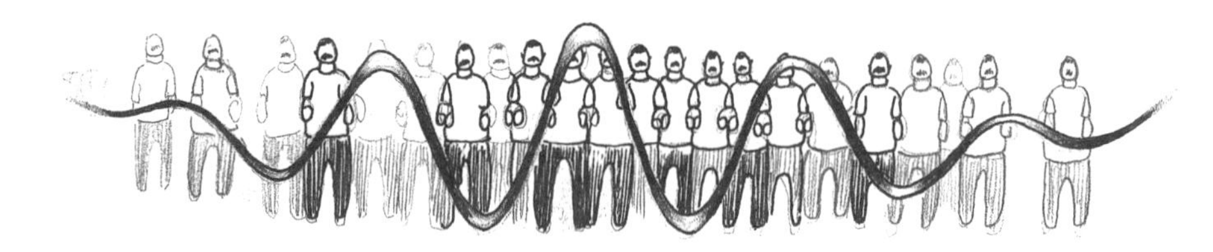

图4.1

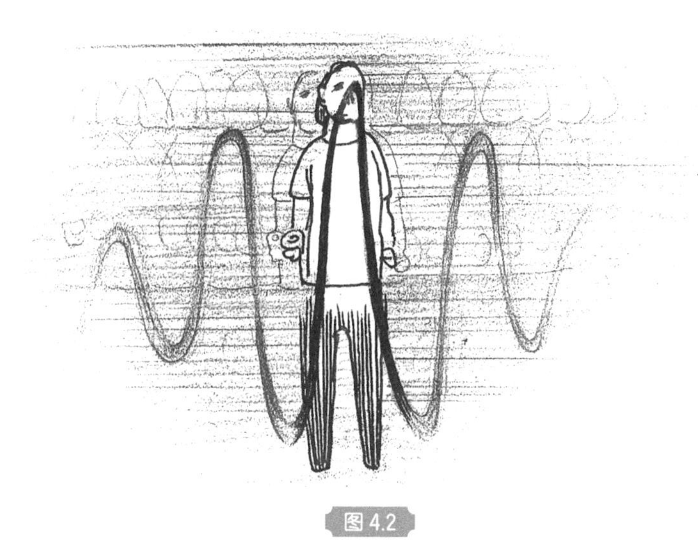

图 4.2

而且这不是只适用于微观世界物质的物理法则，它适用于一切物质。比如，由于德布罗意波特性的存在，正在看这本书的你，有那么一点点可能会出现在其他位置，甚至有微乎其微的可能会出现在火星上。只有当有人提醒你该吃饭或者睡觉时，他观测了你，你的波函数坍缩了，你才最终出现在他所预期的位置。

那么根据这个概念，是不是每个人都有可能实现瞬间转移或者穿墙呢？虽然理论上可以这么讲，但实际上，物质的德布罗意波长取决于它的动量，动量大则波长小，波长小又意味着物质的位置越接近确定。那么一个体重为几十千克的人，其德布罗意波长要比微观尺度下的普朗克长度小好几个数量级，所以能实现瞬间转移或者穿墙的概率，小到可以忽略不计。

但如果是微观级别的物质，比如两个质子和两个中子聚集成的 Alpha（α）粒子，情况就完全不同了（图 4.3）。

图 4.3

Alpha 粒子是单一的氦原子核，但它们也能组成更重的原子核（图 4.4）。

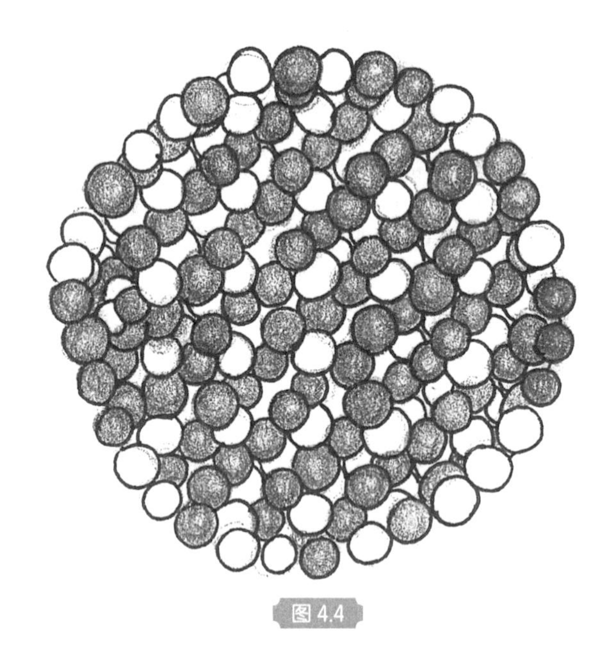

图 4.4

在原子核内部，强大的结合能（可以理解为一种力）将Alpha 粒子禁锢在原子核中，这时我们可以把 Alpha 粒子想象成一个球，它被困在两个陡峭的势垒障壁中间。由于势垒相对很高，Alpha 粒子的总能量不足以让它越过势垒，所以它只能在势垒中间来回活动（图 4.5）。

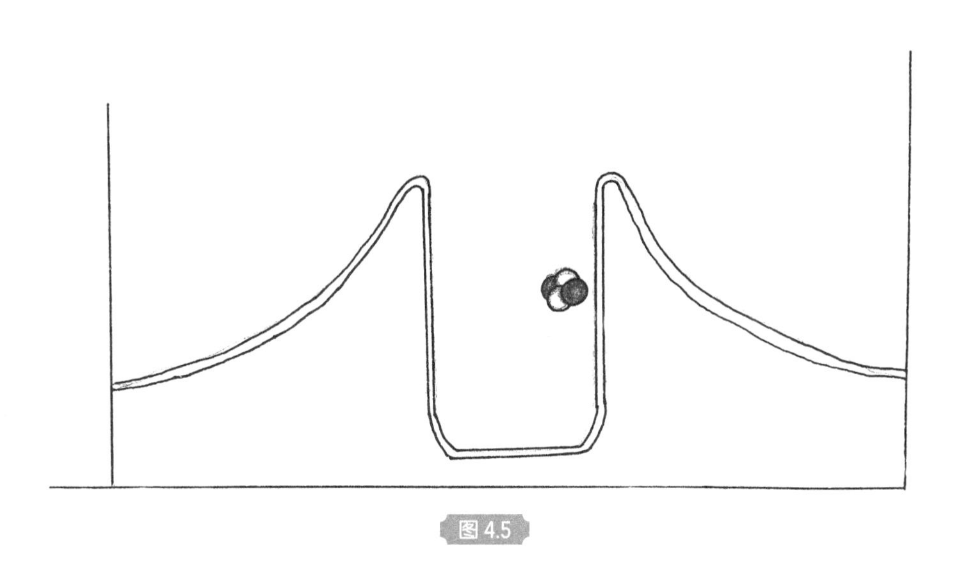

图 4.5

但实际上，由于Alpha粒子的德布罗意波长相对于皮球来说要长得多，所以它并没有非常明确的出现位置（图4.6）。

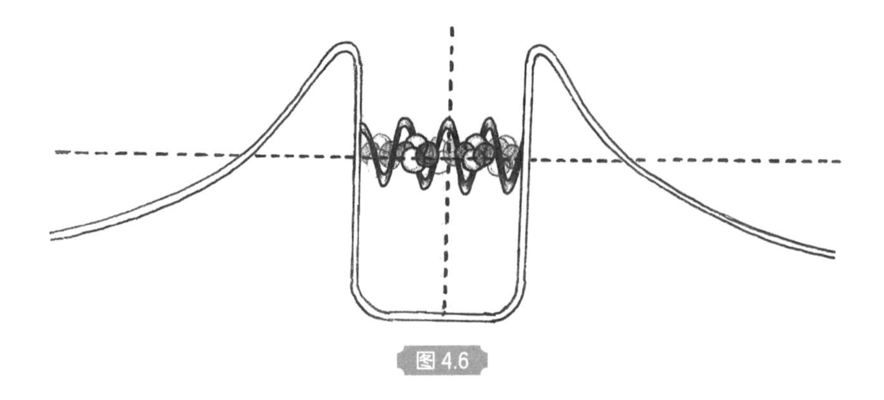

图4.6

当一个 Alpha 粒子接近原子核的势垒障壁时，通常情况下，它的波会被反射回来，但我们也知道，这段波描述的是 Alpha 粒子所有可能出现的位置的范围，所以它的概率分布不会因为遇到势垒障壁就完全消失。即便粒子出现位置的概率会因为势垒障壁的存在而急速下降，这种概率也不会降到 0，所以这个粒子还是有一点点机会可以冲破原子核的势垒，穿“墙”而过的（图 4.7）。

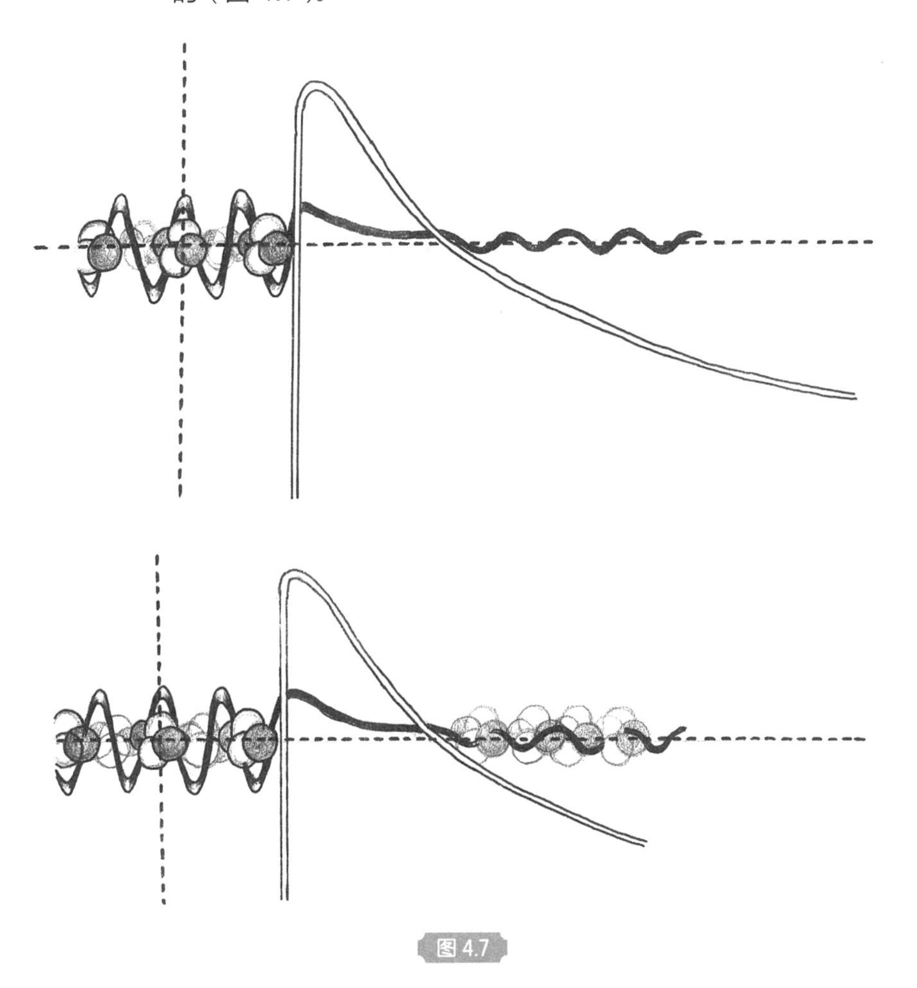

图 4.7

而且由于这种情况发生得非常迅速，所以看起来就好像粒子是从原子核中瞬间转移出来一样。这个速度甚至被认为是超光速的，这个现象就被称为“量子隧穿效应”。

这里需要注意的是，当势垒更“厚”时，发生量子隧穿的概率会比势垒更“薄”时要小。当然，如果我们把它理解成墙壁的薄厚应该更容易理解（图 4.8）。

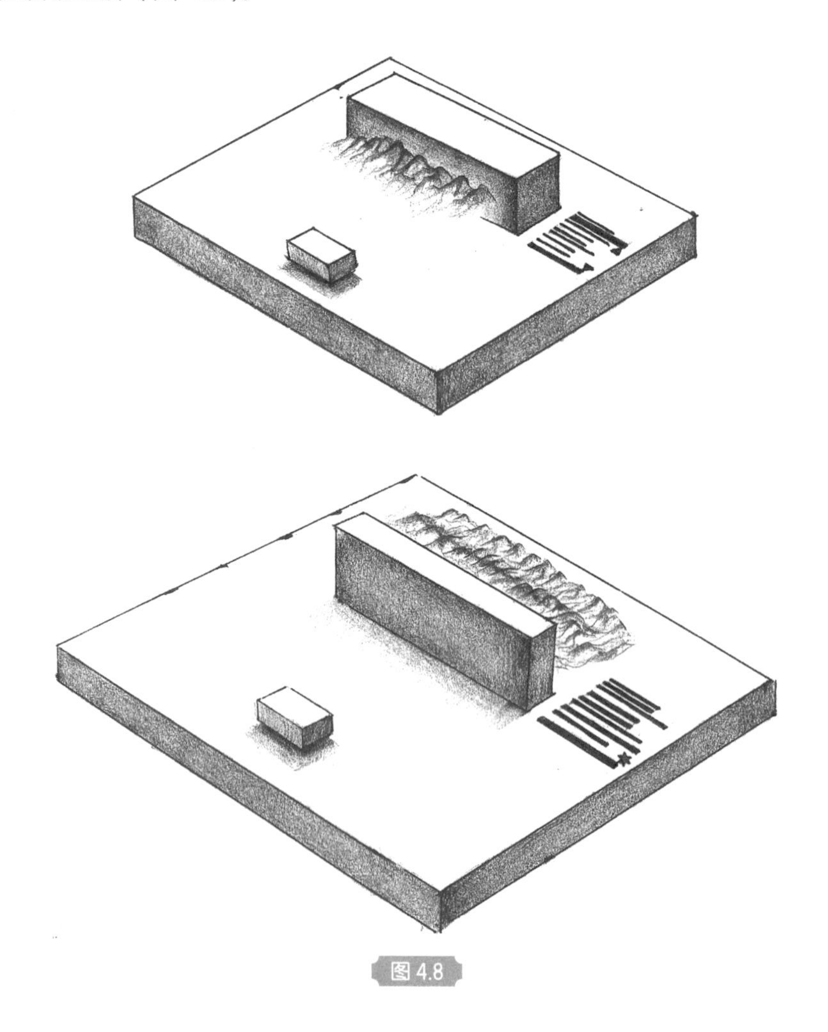

图 4.8

讲到这里，可能有读者会疑惑，虽然这是一个看起来非常神奇的微观物理现象，可它跟我们的日常生活有什么联系呢？

量子隧穿效应与人类生活

其实，量子隧穿效应与我们的生活是密不可分的。比如，至今已有 5 位科学家凭借量子隧穿效应在半导体、超导体等领域的研究或应用上取得的成就而获得了诺贝尔物理学奖，这也从侧面说明了量子隧穿效应在人类未来的科技发展中潜力极大。

但一切事物总是具有两面性的。

量子隧穿效应一方面让我们看到了未来的无限可能，另一方面却又在限制着传统芯片产业的发展。当 20 世纪平面型集成电路问世时，光刻技术就一直是决定半导体器件性能的核心因素，如光刻技术的精度不断提高，那么半导体器件的密度和性能也会相应提高，这也是摩尔定律的技术基础。

根据摩尔定律，大约每隔 18 个月，集成电路芯片上所集成的晶体管数量就会增加一倍。而随着芯片集成度的不断提高，我们的电子产品也像摩尔定律所预测的那样在不断地迭代更新，性能也越来越强大。

但为了持续提高芯片的集成度，晶体管只能越做越小。除了越来越难以解决的散热问题之外，当晶体管小到一定程度时，量子隧穿效应也必然会出现。这自然会直接影响芯片运行的可靠性。因此从某种方面来说，量子隧穿效应限制了传统芯片技术的发展。

不过量子隧穿效应与人类生活最紧密相关的，其实是恒星核聚变。假如没有量子隧穿效应，那么太阳就不会在燃烧了 45.7 亿年之后，仍然能继续燃烧 50 亿至 60 亿年。

首先我们要知道的是，太阳并不是一个持续依靠传统燃料燃烧的大火球，而是一个依靠核聚变释放强大能量的巨大气体星球。太阳中的氢原子聚变生成氦原子和其他更重的原子，这个过程中会释放能量。但在太阳内部要形成核聚变，其实并没有我们想象的那么容易。

原因是，两个带正电的原子核想要聚集在一起，就必须克服彼此之间的电磁斥力，也就是说，在没有量子隧穿效应的帮助下，想要让这两个原子核穿过它们之间的势垒聚集在一起，那么环境温度就必须要达到太阳自身温度的上百倍。

但我们已经知道，太阳自身的温度是不可能创造这样的核聚变环境的，况且如果太阳真的达到了如此高的温度的话，太阳系也早就不复存在了。但在量子隧穿效应的影响下，即便太阳自身的温度不足以让原子核聚集，原子核之间也还是有微小的概率，通过量子隧穿效应彼此聚集产生核聚变。

虽然产生量子隧穿效应的概率不高，但好在太阳足够大。这些通过量子隧穿效应所形成的小概率核聚变，恰恰是让太阳一直保持稳定的状态，且持续燃烧了 45.7 亿年的关键因素，也是保证它接下来还可以再燃烧 50 亿至 60 亿年的基础。所以说，量子隧穿效应既是太阳核聚变所倚赖的关键机制，同时它也限制了太阳燃烧的速率，是太阳核聚变循环的瓶颈，让太阳的寿命成为一个定数。

设想一下，如果没有量子隧穿效应，不要说人类，就连宇宙也会是另一番景象。

第5章　人类意识能影响客观现实
——冯·诺依曼-维格纳诠释

我从去年开始，陷入盲盒不能自拔，在终于快把自己喜欢的玩具凑成一套的时候，我突然醒悟了，决定再买最后一盒，如果还得不到缺少的那一个玩具，就不再为它花一分钱！如果是在宏观世界，当我拿到盒子的那一刻，结果就已经确定了——是或不是；但如果身处微观世界，量子力学的特性会让盒子里的玩具处于“混沌状态”——可以是，可以不是……

我们知道，人类所处的宏观世界是由物质构成的，不管人类个体的意识是怎样的，客观现实就在那里。而在统治宏观世界的经典物理法则下，主观意识可以改变客观现实这个观点，显然是不科学的，甚至有可能被贴上“神秘主义”的标签。

但是到了微观视角下的量子世界，情况就变得有趣了。一些量子力学的奠基人在解释关于量子世界的奇妙特性时，提出了一个颠覆人们认知的观点——人类意识可以“决定”客观现实。

在量子力学的众多概念里，那些组成世间万物的最小单元，它们的物理法则是极其古怪的，而且在当下让人无法理解。

假如将量子力学描述的微观世界的那些物理法则套用在人类

身上，人类就会具有瞬间移动、改变未来的超能力。甚至可能连时间这个概念都会改变，因为量子世界中的时间处于由过去、现在和未来叠加在一起的混沌状态。

在这一章里，我将通过解释量子力学中的实验，来讨论意识是否真的可以通过微观世界的奇特物理法则，影响宏观世界的客观现实。当然，最主要的任务还是要帮助大家正确地认识量子力学。

首先，如果大家对量子力学稍有了解，也熟读了第1章的内容，就会知道双缝实验和“薛定谔的猫”这个著名的思想实验。这两个实验都是科学家们为了探索微观世界的物理规律而提出的，也都涉及量子力学的一个核心——波函数坍缩问题，这也是我们这一章讨论的重点。

简单来说，波函数坍缩的大意就是，在微观世界的物理法则中，当我们不测量那些微观物质时，它们的状态是一种随机的混沌状态。在“薛定谔的猫”这个思想实验中，这种混沌状态你可以暂且理解为一只同时存在既生又死两种状态的猫（当然，宏观世界中是没有这种状态的）。

而在双缝实验中，你可以理解为一个光子同时存在波和粒子两种特性。这种状态叫作叠加态。一旦人类对电子进行测量（观测），那么电子这种随机的混沌状态就会坍缩成一个客观存在——要么只具有波的特性，要么只具有粒子的特性。这个过程是微观物理规律过渡到宏观物理法则的过程，也叫波函数坍缩。

而本章要讨论的意识是否能够“决定”客观现实，也要从这里入手。波函数坍缩正是我们所在的这个宇宙中存在的两种完全不同的物理法则（量子力学与经典力学）之间的那个“关键分隔符”。如果哪位科学家能够搞清楚这个问题并找出相应的证据，也就意味着人类可以将量子力学与经典力学融合，形成一套科学家们梦寐以求的“大统一理论”。这样，也许人类就掌握了破解宇宙谜题的关键之匙！

重温双缝实验

第1章提到的经典双缝实验，是一个帮助大家理解量子力学的非常重要的实验，所以我们需要反复提到它。

这里首先向一对狭缝发射一个电子，电子穿过狭缝后击中探测器屏幕（图5.1）。

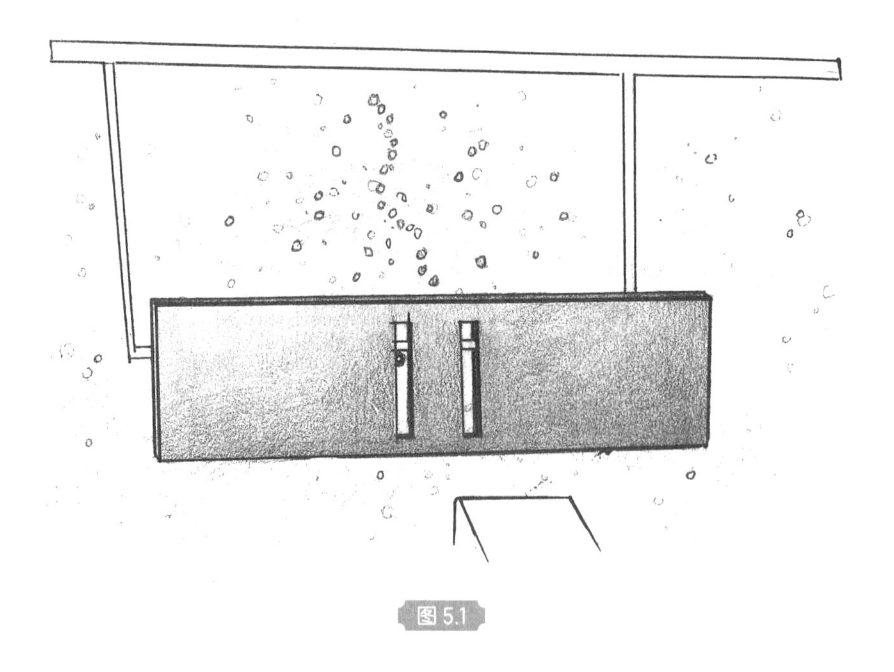

图 5.1

接着多个电子被一个一个地发射出来，穿过狭缝后击中探测器屏幕，最终形成了具有波的特性的干涉条纹（图 5.2）。

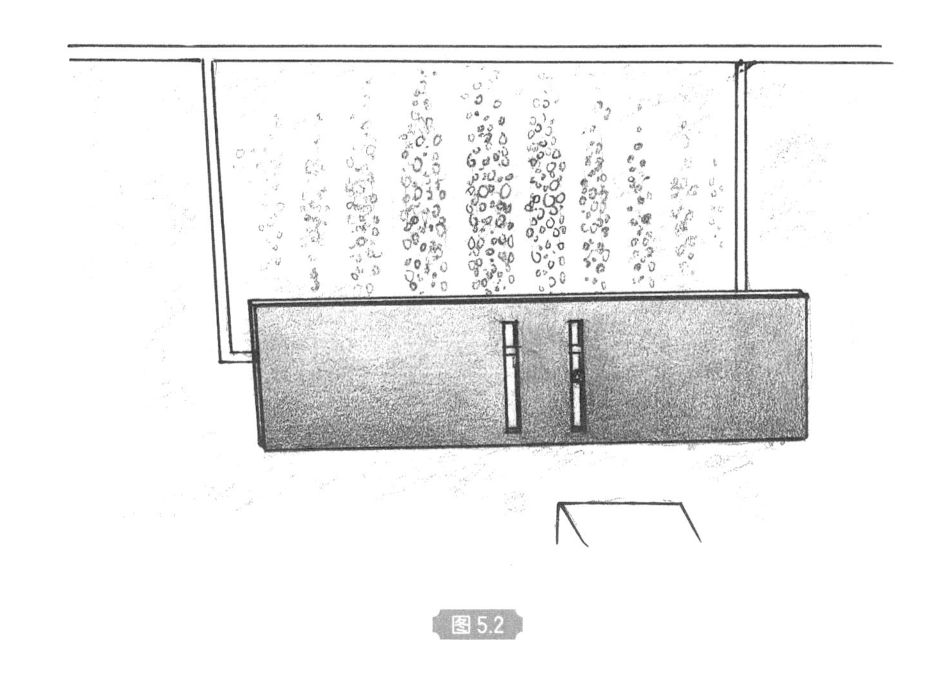

图 5.2

还记得第 1 章的内容吗？要形成干涉条纹，水波的波峰和波谷必须相互干涉（图 5.3）。

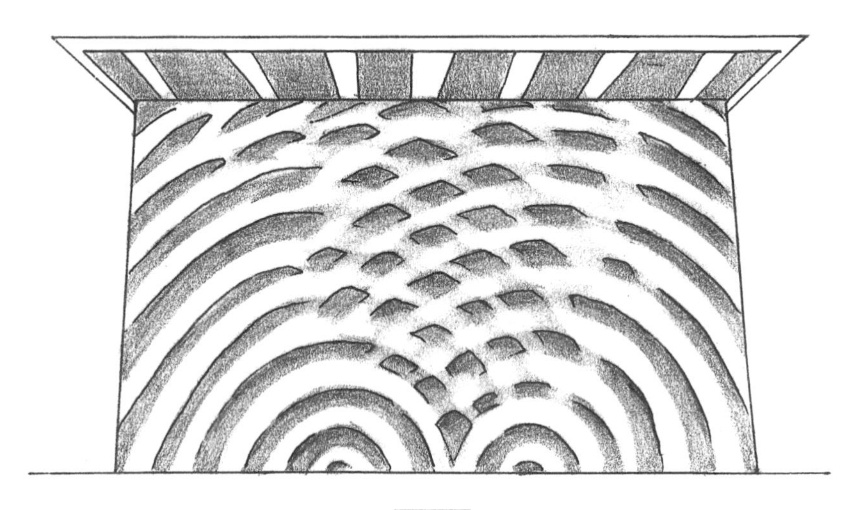

图 5.3

也就是说，如果电子是被两两发射的，形成这种图案无可厚非。但在这个经典实验中，即使每次只发射一个电子，电子的运行轨迹还是遵循了波的特性，最终形成了干涉条纹。

这个现象就是波函数作用的结果，以物理学家玻尔为代表的哥本哈根学派据此提出了哥本哈根诠释。而且，一旦实验者对电子的状态及路径信息进行测量，波函数必然会坍缩，然后呈现出经典力学中粒子的特性，让干涉条纹变成直射图形（图 5.4）

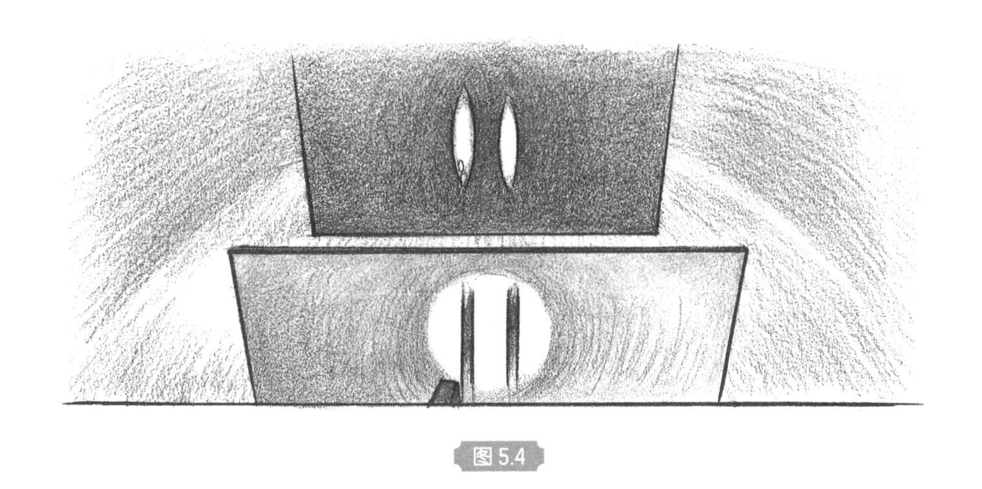

图 5.4

那么问题来了，在整个实验过程中，电子究竟是什么时候完成了微观物理规律向宏观物理法则的转变的呢？另外，实验者的意识和行为，又在其中扮演了什么样的角色呢？这一点至关重要！

原来观察者自身才是关键

我们再回到实验中，一个电子以波的特性通过狭缝，落在电子探测器上，然后激发了探测器上某处的第二个电子，第二个电子开始沿着电路传播脉冲信号，自动进行测量的计算机在显示器上将信号转化成图像，显示刚才发射电子的状态和位置。这个时候屏幕上显示的结果，是波函数坍缩后的还是波函数坍缩前的（微观转向宏观的边界）？严格意义上讲，这时候的状态还是波函数坍缩前的。因为屏幕上显示的结果信息，还是要通过微观世界的光传播到实验者视网膜中的光敏分子，然后转换成电信号，发送到实验者的视觉皮层。视觉皮层再将之转换成电信号，传播到大脑的各个部分。最后经过大脑的综合处理，实验者才能获得刚才那个电子的状态及位置信息的主观判断。

其实整个过程并没有我们想象的那么简单，而且我们也没办法明确判断，究竟是哪个环节导致了波函数坍缩。因为刚才复盘的整个实验过程，其实都遵循着微观世界的物理法则。被射出的电子、检测器中被激发的电子，即便是计算机显示器里的信息，也还是要通过人体器官里的量子态信息进行传播。

所以，我们无法搞清楚究竟是哪个环节导致了波函数坍缩，也就意味着微观和宏观之间并没有一个清晰的边界。

而被称为“科学全才”的冯·诺依曼（也译为冯·诺伊曼）（图 5.5）对这个问题的看法是，波函数坍缩应该发生在当所有信息都被大脑综合处理后，实验者意识到实验结果的那一刻。

图 5.5

冯·诺依曼认为，意识才是导致波函数坍缩的原因。所以在他看来，微观世界与宏观世界的边界就是意识本身，或者说意识造就了这个世界。而早期量子力学奠基人之一的尤金·维格纳（图 5.6）也与他的观点一致。

图 5.6

1961 年，维格纳提出了一个思想实验，用来讨论意识的作用。这个思想实验名为“维格纳的朋友”。

“维格纳的朋友”思想实验

依然还是双缝实验，但这一次你请一位朋友坐在显示器面前，而你则在另一个房间。所以你的朋友会在你不知道实验结果之前，就知道了实验结果。也就是说，他的意识已经参与到了这次实验中。而他必须在知道结果后，以电话的形式告诉你最终结果。

如果用哥本哈根诠释来解释，从你的朋友知道结果，到他打电话告诉你结果之间的这段时间，从你的角度来看，你的朋友的大脑应该处在一种包含实验所有可能结果的叠加态。只有当你的朋友告诉你结果，你意识到结果后，才会形成一种客观现实。此时如果你要问你的朋友，大脑处在叠加态是一种什么感觉，当然，他也一定觉得莫名其妙！

而如果按照冯·诺依曼的观点，由于你的朋友的意识已经影响了实验结果，所以他在告诉你答案之前，结果已经注定了。

其实维格纳想告诉我们的是，如果把有意识的朋友换成机器，我们会心安理得地认为它处在一种叠加态。但如果是一个有意识的人，他是不可能看到一种处在混沌状态的结果的！所以波函数坍缩就发生在你的朋友看到结果的那一刻，这就是著名的“冯·诺依曼－维格纳诠释”。

这个实验，其实就是把冯·诺依曼的测量因果链用一种非常形象的形式表达出来。冯·诺依曼提出意识可能与波函数坍缩有关，而维格纳则用一个思想实验把这个论述具体化和明确化了，但得出意识可以改变客观现实这样的结论不免会让我们陷入另一个困境，那就是，意识是什么？除了我们，薛定谔的那只猫有没有意识，宇宙中所有的生物有没有意识？

如果按照这种逻辑，宇宙自诞生之日起，就一直处在一种叠加态。就像是云山雾罩的概率云，直到宇宙中第一个观察者（意识）出现并看了宇宙一眼，于是宇宙就坍缩成了现在这个样子？显然这违反了我们的基本常识。即便没有观察者，宇宙仍然客观存在！不过大家有没有发现，冯·诺依曼－维格纳诠释——也就是意识决定客观现实——其实是一种二元对立思维的结果，也就是，要么微观，要么宏观！

如果我们假设微观世界的物质就是组成整个宇宙的基础，那有没有这样一种可能，微观与宏观其实并不对立，而是相互叠加的状态，只不过碍于感官上的限制，我们可能无法看清这样的全貌？当然，这就需要量子力学中的另一种诠释方法来说明了。

第6章　另一个宇宙的你

在量子力学理论中，你可能会是你所在的宇宙中唯一永恒的存在，对此你会做何感想？在本章中，我们将会以量子力学的理论为基础来讨论这个说法的可能性，分析在量子力学中你所在的宇宙，与宏观世界中你所认为的你所在的宇宙有哪些区别。

粒子自旋

在微观世界里，所有的基本粒子都具有一种神奇的自旋特性（图 6.1）。

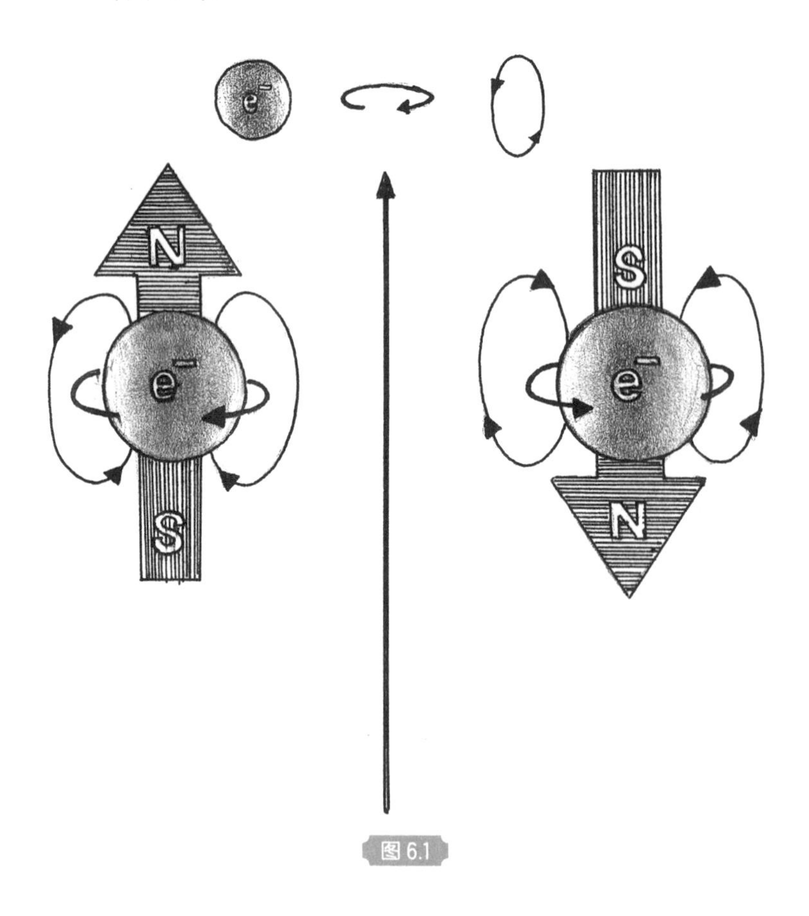

图 6.1

当我们去测量基本粒子的时候，它们的自旋就会呈现出两种状态：一种是顺时针自旋，另一种是逆时针自旋。当然，粒子的自旋实际上比我们这里介绍的情况复杂得多。比如，顺时针自旋与逆时针自旋会因为测量角度的不同，而产生**自旋方向**概率上的变化。本书为了说明问题，进行了简单的类比。

当我们通过某些特殊方法将一个基本粒子一分为二并进行测量的时候，由于宇宙的角动量必须守恒，所以，如果其中任意一个粒子被测量为顺时针自旋，另一个则必然是逆时针自旋的（图 6.2）。

图 6.2

根据目前量子力学理论的解释：这两个粒子一开始并没有确切的自旋方向，它们的自旋状态好像纠缠在一起，形成了其中一个粒子的自旋方向必然相反于另一个的现象。这也是著名的量子纠缠现象（图 6.3）。

图 6.3

疯狂的思想实验

现在，我们将粒子假设为一个非常小的球体，然后通过特殊方式将它分离成两个可以同时顺时针或逆时针自旋的粒子。想象一下，它们应该是什么样的状态呢？如果顺时针自旋的粒子是白色的，逆时针自旋的粒子是黑色的，那么整个粒子就应该是灰色的。

我们可以想象这样一个实验场景：在一个封闭的盒子里有一个粒子、一把已经上了膛的枪，还有一只被这把枪指着的猫，在粒子旁边摆着一个特殊的自旋探测器（图 6.4）。

图 6.4

现在我们打开探测器，如果粒子顺时针自旋，探测器就会发出一个信号，从而触发枪的射击行为，杀死同样在盒子里面的这只猫（图 6.5）。

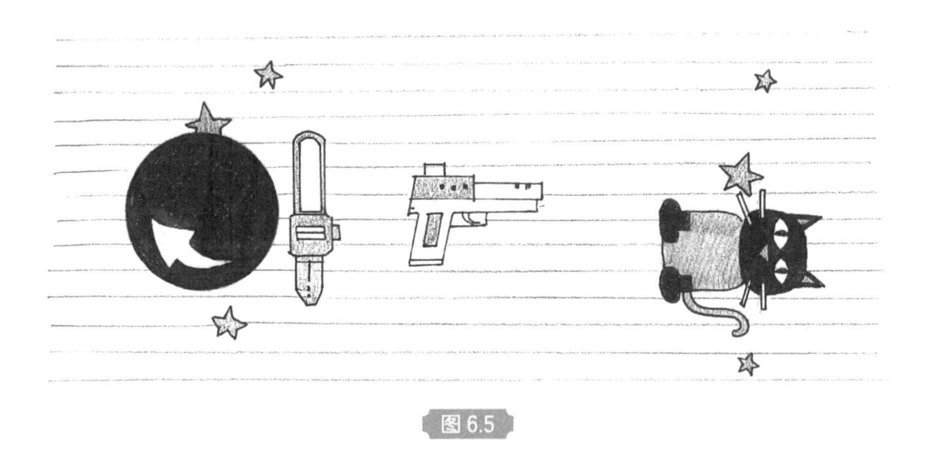

图 6.5

而如果粒子逆时针自旋，则不会发生任何事情，这种情况就简单得多。

所以这个实验无论如何都只会产生两个结果中的一个：要么粒子顺时针自旋，可怜的猫被枪打死；要么粒子逆时针自旋，猫平安无事。

但通过某种特殊方式分离出的粒子不是简单地以某种方式向一个方向旋转，而是同时向两个方向旋转。那么粒子到底是顺时针还是逆时针旋转的呢？好像都有可能！那么根据粒子的这种状态，自旋探测器到底有没有发出信号呢？应该是发出了，但好像也没发出。那么信号到底是否触发了枪的射击行为呢？应该是触发了，但好像也没触发。那么猫到底是死了还是平安无事呢？应该是死了，但好像也没死。所以这到底是一种什么状态呢？这一切听起来似乎都严重违背常理（图 6.6）。

图 6.6

量子世界中的叠加态

在量子力学中，上述这种状态被称为叠加态，是一种让人难以用宏观世界的物理规律去理解的纠结现象。也就是说，一切事物在你不观测的情况下，都处于一个随机的叠加态。但说实话，这确实让人难以接受。你可能会想，怎么可能存在这样一种诡异的状态？怎么可能有一只既死了又没死的猫？太难以让人理解了。

在神奇的微观世界，盒子里的每一个环节都好像被分成了两个部分，自旋探测器也被分成了两个，一个探测到了粒子的顺时针自旋，而另一个探测到了逆时针自旋。这两种结果同时存在，所以盒子里猫的命运就像这个粒子一样被分成两个部分，一个版本是生，另一个版本是死。两者同时真实存在，双方又都不比另一个更加真实，它们在盒子里是一种共存的叠加态。

在宏观世界里虽然有半死不活的猫（本质上还是活的），但没人见到过既死又活的猫长什么样，这种状态只存在于一个封闭的无法被观测的盒子内部。如果我们打开盒子，就只会看到两种结果中的一种，要么猫是活的，要么猫是死的。但是不管是哪种结果，作为打开盒子的人，也只能看到这其中之一（图 6.7）。

图 6.7

即使量子力学理论认为既死又活的猫确实存在，但我们普通人也只能看到其中的一个结果。这是因为打开盒子的人只能存在于这两个结果其中一个的时间线上，没有办法看到另一个版本。普通人看到结果的那一刻，产生了多个时间轴，不同时间轴上的人看到了不同的结果。

例如，看到死猫的观察者可能会非常悲伤，以至于他从此不再想知道量子力学的任何事情；而看到活着的猫的观察者则继续从事量子力学的研究工作。

粒子自旋产生的多世界

值得注意的是，不管是活着的还是死亡的，这两个“宇宙”之间存在的巨大差异，都源于一个微小粒子的自旋状态，而且依据目前的量子力学理论，基本粒子是组成这个宇宙的最小单元，也就是说，这些基本粒子的状态决定了宇宙会不断分裂，从而产生新的时间轴。这就是休弗雷特在 1957 年针对微观世界的奇特规律提出的多世界理论。

我们依然可以用一个残酷但容易理解的例子来进一步阐释这个理论：假设你站在一个悬崖边上，正在决定是不是要跳下去。那么，根据多世界理论，在你做出决定的那一刻，宇宙就会分为两个版本。一个是以你跳下悬崖为时间线的版本，另一个是以你没有跳下悬崖为时间线的版本。其中，从悬崖上跳下去的你，因为意识的宿主，也就是你的身体已经毁灭了，所以你并不知道这个版本的时间线接下来还会发生什么。而另一个版本中，你没有跳下悬崖，所以这条时间线上的你，则会沿着这个版本的时间线继续延伸。

所以，多世界理论认为，任何一个人做出任何一个决策的那一刻，宇宙都会分裂成多个版本，而这个人的意识则会一直选择处在一个沿时间轴无限向前发展的宇宙中。

极具争议的“量子自杀”思想实验

这就要提到美国麻省理工学院的物理学家提出的一项非常有争议的思想实验。

这个思想实验的结果或许可以证明你可能是你所在的宇宙中唯一永恒的存在。

这个思想实验就是极具争议的“量子自杀”思想实验。这一次，你可以将盒子中的猫换成自己。连接手枪的自旋探测器每 3 秒检测一次粒子的自旋状态。如果它检测到粒子顺时针自旋，并不会触发手枪的射击行为，什么事也不会发生。而如果粒子逆时针自旋，盒子里的枪就会被触发，然后你就会被杀死。

考虑到粒子的特性，粒子的旋转方向各有 50% 的概率。经过几轮的实验，你还是好好的。如果实验继续，那么你认为自己还有多大概率不会在下一次死掉？当我们快进到实验进行了 100 轮之后，如果你仍然健在的话，那么几乎可以断定你的意识是永恒的。

这个思想实验想要表达的是，在每一次实验结果出现时，都会存在两个版本，你可以将它理解为宇宙分裂成了两个。一个宇宙中存在一个活着的你，而另一个宇宙中存在一个死了的你。但为什么你的意识会选择存在于这个你活着的宇宙中，而不去选择那个你已经死亡的宇宙？

其实答案非常简单。在你已经死亡的宇宙中，你不知道自己已经死亡，因为你的意识已经终结而不存在了。只有在你活着的宇宙中，你才能知道自己还活着，然后在下一轮的实验中，同样的事情就会再次发生。只要你活着，你的意识就会继续存在，而且不管进行多少次，这个结果都不会发生变化。

观察者眼中的你

然后我们又可以从另一个角度去设想：对于一个在你身边一直看着你进行实验的观察者来说，你已经死亡的结果，肯定会像你还活着的结果一样真实。因此，虽然你可能感觉到自己在每一轮的实验中幸存下来，但观察者也会看到，你在很多轮实验中已经死亡。

但假设在整个 100 轮实验中，都有一个一直跟随你幸存下来的观察者，他会怎么看这个问题呢？很不幸，他不会相信你说的这个理论。他只会说：“我只能相信你是非常幸运的，但是请你不要再继续下去，再下一次，你可能真的就会死掉。”

而如果你真的决定再做一轮实验，那么必然会再产生一个宇宙，在这个宇宙中，观察者看着倒在地上的你，惋惜地说：“看吧！我早就警告过你，没有什么意识永恒，这下完蛋了吧。”而在不同结果的宇宙中，观察者会对活着的你说：“你真的是走运，但是我求求你千万别再试了，我保证下一次你会死掉。”

因此，即使量子永恒是真实的，它也只能向你自己证明，而对其他人来说，你看起来就像是一个“幸运之子”，或者一个在死亡边缘不断试探的“白痴”。

第7章　量子悬浮与锁定

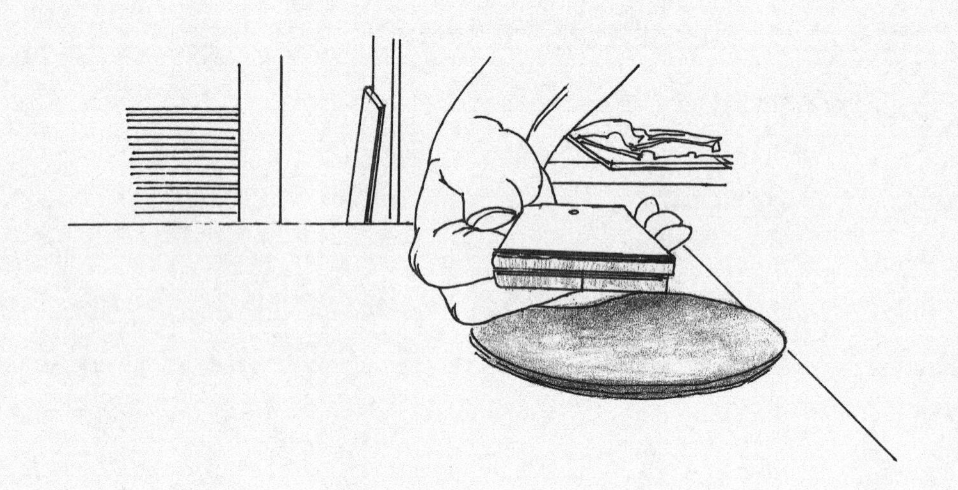

超导、量子力学的现实应用

1911 年，昂内斯（又译为翁内斯）首次发现水银（学名汞）在接近绝对零度（摄氏零下 273.15 度）的状态下的电阻为零。也正因为在所有导电材料中，没有出现过零电阻的现象，所以处于这一状态的物体就被称为超导体。

进入 21 世纪，超导技术走进了现实世界。除了磁悬浮列车这种已经成熟的应用领域，超导技术其实还有着更加“酷炫”的“升级版应用”，比如提升发电效率、降低电力传输中的损耗、提高电力储存效率，同时超导体也是高性能芯片的重要材料。

在本章中，我将为大家介绍量子悬浮（也称量子锁定）现象，以此帮助大家了解超导体和它呈现出的奇妙特性（图 7.1）

图 7.1

图 7.1 中悬浮在底座与橘子之间的圆盘，就是我们一开始提到的超导体。

神奇的超导现象

超导现象是宏观世界物质的一种非常规状态，即物体在宏观世界中的某种极端条件下，表现出微观世界的物理特性的一种典型现象。这也是为什么我们把这种现象称为量子悬浮。因为你所看到的这种现象，通常情况下只会在微观世界的量子状态下发生。

那么，是什么极端条件造成宏观世界的物质表现出某种微观量子状态呢？答案就是——超低温。

一些特定的物质会在接近绝对零度时表现出超导的特性。这个特性分为两种：一种是零电阻，另一种是内部抗磁性。

我们先来解释一下什么是电阻。首先，电流在导电物质中流动，电子在流动的过程中会与导电物质中的原子碰撞，而这种碰撞会使电子失去一部分能量，这部分失去的能量会转化为热能。

我们可以把电子想象成拉着煤炭的货车，而导电物质就是公路，公路上的坑洼越多，代表电阻越大；公路上的坑洼越少，代表电阻越小。货车（电流）在公路（导电物质）上行驶，坑洼越多，货车原本携带的煤炭（能量）就会撒出越多，那么到达目的地时，煤炭的损耗自然越大。可如果导电物质是超导体，就不会存在这一现象，电子不会与原子发生碰撞，也就不会产生能量的流失。同样，也就不会产生热能。

所以，超导体更像是一条既平坦又笔直的高速公路，拉着煤炭的货车（携带能量的电流）自然也不会有任何的损耗。这就是超导体的零电阻特性。

而另外一个特性——内部抗磁性，是指当物质呈现超导特性时，磁力就无法穿透它，从而形成超导体。超导体本身会排斥磁力，使其发生一些畸变，所以两者就会产生一对相斥的力（图 7.2）。

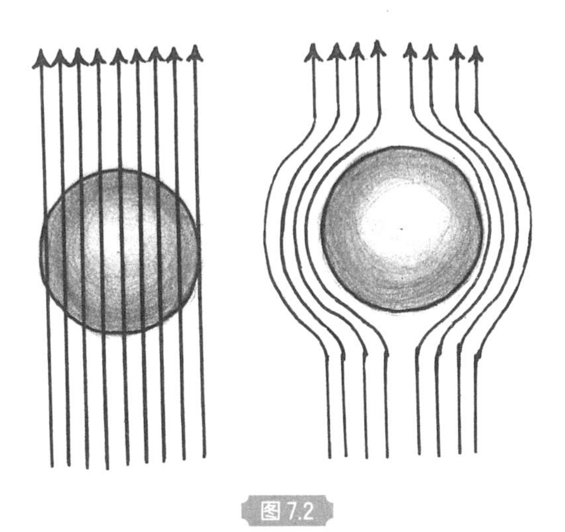

图 7.2

如果这对斥力是上下位置的关系，就会产生类似磁悬浮的现象。这个现象的正式名称为“迈斯纳效应”，它是由德国物理学家迈斯纳（图 7.3）在 1933 年发现的。

图 7.3

超导现象的原理

随着人类科学技术的不断发展，尤其是对量子力学的深入了解，科学家发现超导体中其实还残存少量的磁场。这些残存的磁场会被困在超导体内部，呈现出一粒一粒的离散状态（图 7.4）。

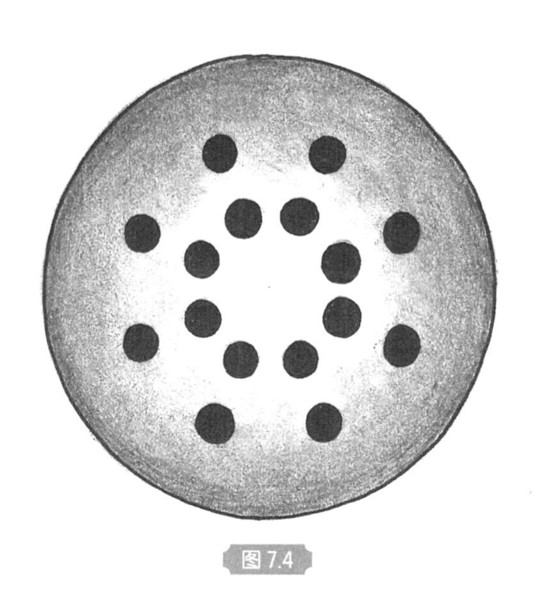

图 7.4

这些磁场被均匀地打散，呈现出量子的行为特点。此时，如果我们将超导体置入一个磁场，超导体内部残存的少量能够使磁力通过的这种“磁场束”，就会被超导体内部的抗磁性锁定，随即被固定在一个位置上（图 7.5）。

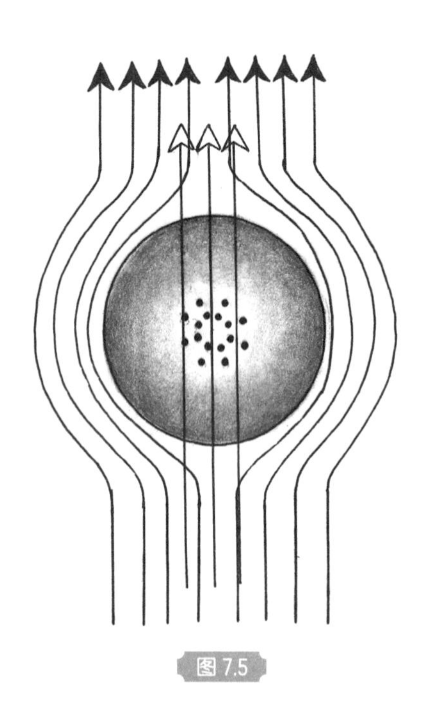

图 7.5

你也可以这样来理解：磁场束就是图 7.6 中的这个小圆点，当它被四周的斥力均匀挤压时，它就会被死死地固定在一个位置上。

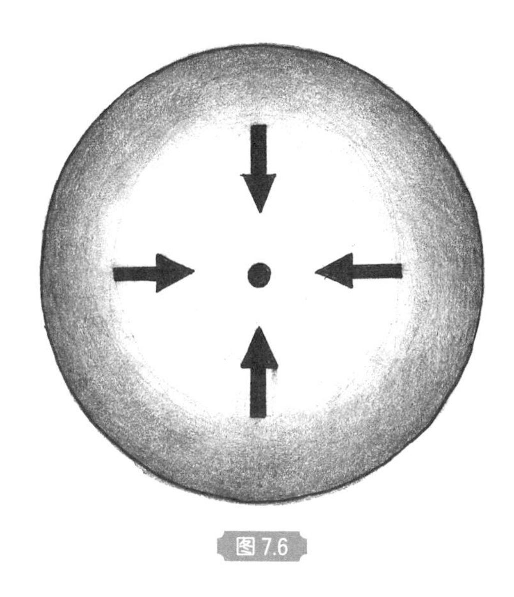

图 7.6

同样，由于被固定的磁场束来自超导体内部，那么显然超导体自身也就被固定住了，这也就是为什么这种现象也被称为“量子锁定”（图 7.7）。

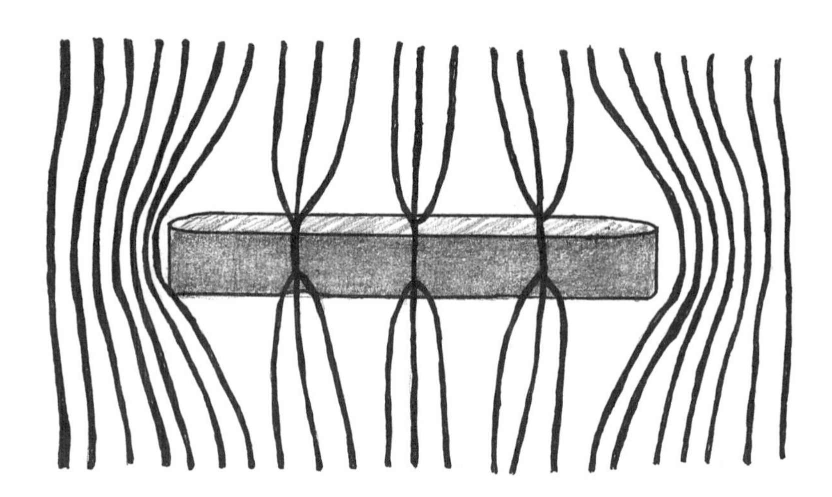

图 7.7

有科学家曾经做过这样一个试验：将一个经过液氮浸泡的超导体圆盘放在一个磁铁上方（不接触）的时候，它就像被粘在了半空中一样，而且这个超导体圆盘会随着磁铁的运动而运动，没有一点点多余的晃动，这正说明了这一现象并不仅仅是斥力的作用，而更多体现出量子锁定的特点（图 7.8）。

图 7.8

当移动超导体到磁铁下方（不接触）的另外一个位置或者让磁铁倾斜的时候，超导体内残留的磁场束也会被重新锁定，甚至将它们整个翻转过来，超导体也仍然呈现锁定的状态（图 7.9）。

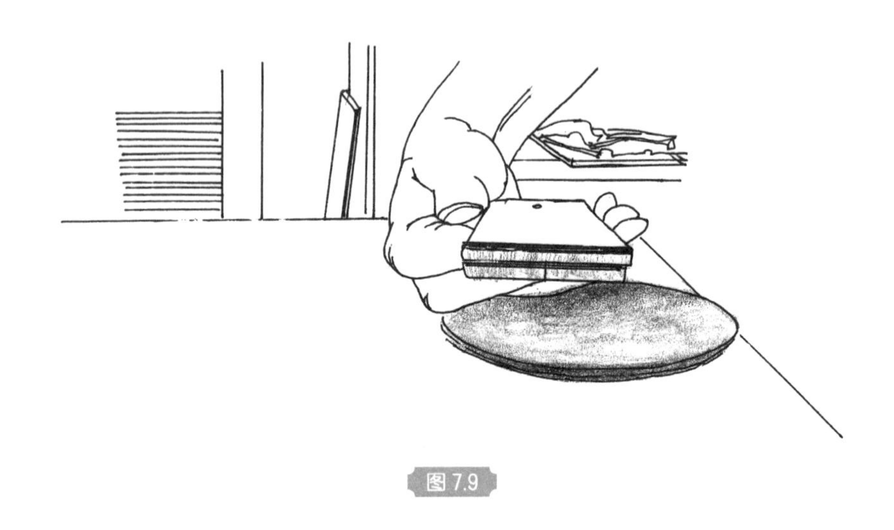

图 7.9

那么你可能会想，这些超导体内残留的磁场束到底有多少条？为什么能让物体的位置如此牢固不变呢？大概 300、500 条，还是 8000、10 000 条？

科学家通过一定的方法进行计算后，得出了一个惊人的结果。在上面介绍的这个直径为 7.62 厘米的超导体圆盘上，一共约有 100 亿条磁场束。我们很难想象在超导体圆盘与磁铁之间的区域内，竟然有如此之多的磁力线，并且每一条都是细到无法想象的量子尺度。

这些还仅仅是残留的少量磁场束。如果磁场束以量子尺度铺满这个直径为 7.62 厘米的超导体圆盘的话，其数量将是一个天文数字。根据科学家的推断，厚度只有 1 毫米的超导材料，一旦达到了自身的超导条件，成为超导体之后，它将能悬浮起自身质量 7 万倍的物体。

走进现实的量子应用

虽然量子锁定还属于相当前沿的科学技术，但它离人类的生活并不遥远。日本研发的超导磁悬浮列车，就是利用超导特性，使车厢浮于磁力轨道之上，通过周期性地变换磁极方向，从而获取动力。这种列车载人行驶测试时的速度高达 590 千米 / 小时，并且在保持高速的同时，还不会产生常规火车行驶时的噪声和震动。正是由于超导特性带来的诱人好处，超导磁悬浮列车有望成为我们未来轨道交通工具的主力发展方向。

看到这里，细心的读者或许会问：不是说物质需要接近绝对零度，也就是摄氏零下 273.15 度，才能实现超导特性吗？这么极端的条件在技术上是如何达到的呢？

该超导磁悬浮列车使用的超导技术叫作超导磁斥式技术，属于低温超导技术。工程师将超导磁体放在液氦储存槽内，再安装到车厢底部。

非极端条件下的高温超导材料

前面说过，物质只有接近绝对零度时才会形成超导现象，然而这种条件的限制让人类难以将其应用到日常的生产和生活中。为此，科学家们开始寻找不需要极端条件就可以产生超导现象的超导材料——高温超导材料。

这里的所谓高温是相对绝对零度来说的，而且理想的目标温度也就是令人舒适的室温。

目前，德国马克斯 · 普朗克化学研究所（简称马普化学研究所）的米哈伊尔在摄氏零下 23 度实现了氢化镧超导系统，这项成果使人类真正意义上摸到了室温超导材料的门槛。可惜，要想实现这个系统，还需要加上一个另外的极端条件——170 万大气压。

所以，在超导体的研究方面目前我们还是需要在技术和材料上做出更大的突破，才有可能将其应用到更广泛的领域。一旦超导技术取得突破，它就能为人类世界的方方面面带来极大的改变。

第8章　突破想象的量子计算机

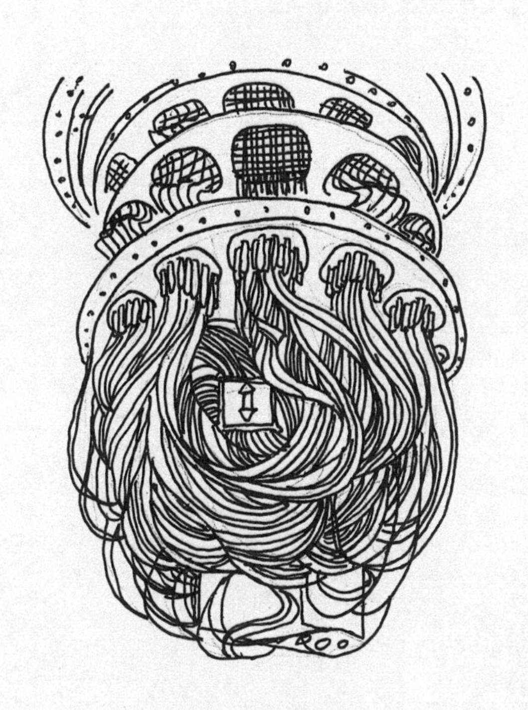

我们在第 4 章介绍量子隧穿效应时提到过，随着科技的不断发展，计算机芯片的性能会遵循摩尔定律，大约每隔 18 个月，集成电路芯片上所集成的晶体管数量就会增加一倍。如此发展下去，芯片的体积将变得越来越小，性能却越来越强大。

当芯片集成电路的密度达到极致时，便达到了产生量子隧穿效应的条件，这也是传统芯片产业可能无法逾越的物理极限。

传统计算机的控制原理

传统计算机中的晶体管就相当于一个开关（图 8.1）。当电流向特定方向运动时，通过开关的打开与闭合，就可以控制电流的通过与否，形成一个个简单的逻辑门（图 8.2）。

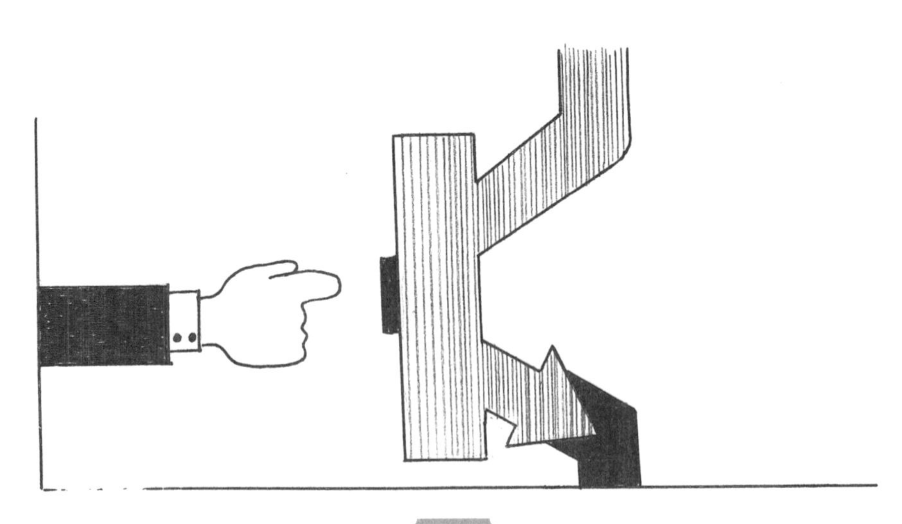

图 8.1

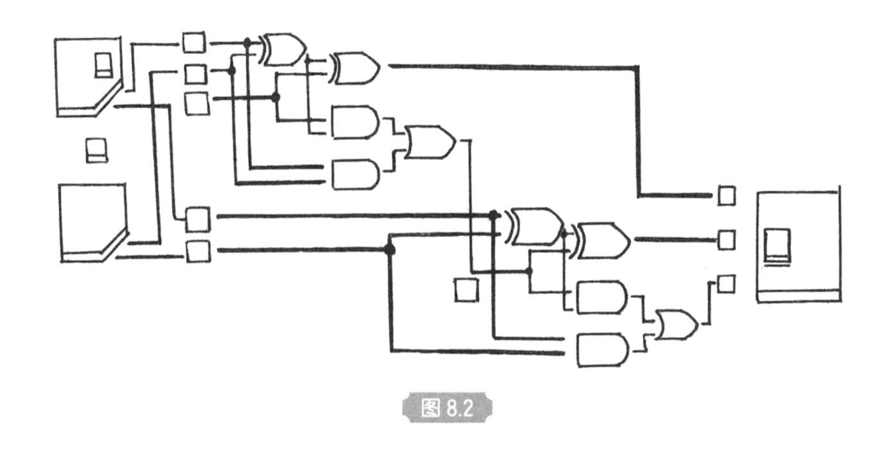

图 8.2

如今，采用较为先进工艺的晶体管，其尺寸（可以理解为）已经小至 5 纳米，这相当于我们红细胞的千分之一大小（甚至更小），也就是说，晶体管的个头儿已经逼近数个电子的大小，此时电流通过晶体管，有些电子便可能无视已经断开的开关，“大摇大摆”地直接通过（图 8.3）。

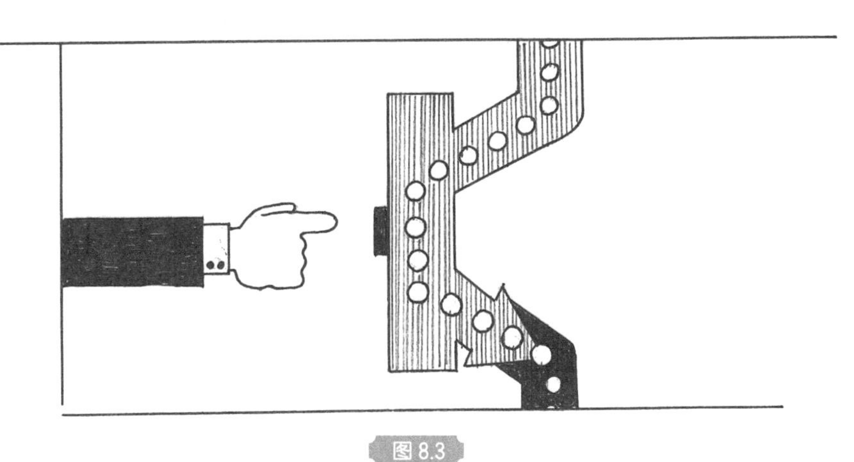

图 8.3

如果计算机的元器件在 5 纳米的基础上再度缩小，那么在达到微观世界的尺度时，宏观世界的经典物理规律也许就会失效，取而代之的则是微观世界的量子规律。到了那时候，目前的芯片可能也就没办法稳定工作了。

为了解决这个问题，我们就需要遵循量子力学的特定规律，研发量子计算机取代传统计算机，量子计算机的运算能力可以持续为人类的科技发展提供更强劲的动力。当然，这或许只是目前人类的一个美好的愿望，至于为什么，我会在后面详细说明。

量子计算机的超强算力

2019 年，谷歌公司的量子计算机研发团队研发出了悬铃木（Sycamore）量子计算机（图 8.4）。它的计算能力有多强大呢？可以这样讲，现在让传统计算机去完成一项计算工作，如果需要几百乃至上千年的话，那么我们直接就会“举白旗”认输，认为这是一项无法完成的任务。

图 8.4

而 Sycamore 量子计算机仅用 200 秒，就完成了当时全球最强大的超级计算机需要持续计算 10 000 年才能完成的复杂运算。可见，二者在算力上的差距已经远远超过普通人的想象。

而后，我国的潘建伟团队研发的“九章”光量子计算机，让人们见识了不亚于 Sycamore 量子计算机的成就。

即便是人们日常使用的家用计算机与目前全球最强大的超级计算机之间的算力差距，都已经达到了几百万倍的量级。所以我们简直无法想象，一台家用计算机和量子计算机之间的算力差距，究竟大到了怎样“恐怖”的程度。

量子计算机能用很短的时间和很少的能耗完成传统计算机根本无法完成或者说难以完成的计算，这就叫作“量子霸权”。值得注意的一点是，上面所说的传统计算机与量子计算机之间的算力差距，仅仅体现在某一特定领域。其实在大部分的场景下，传统计算机并不比量子计算机差多少。

量子计算机强在哪儿

那么传统计算机和量子计算机之间的区别到底在哪儿？它们各自的优势又是什么呢?

首先让我们看看一台量子计算机究竟是如何工作的，它的强大运算能力又体现在哪些方面。

传统计算机的运算方法都是使用二进制，即所有的指令最后都转化为二进制的 0 或者 1，也就是比特（bit），这是最小的信息单位（图 8.5）。

图 8.5

0 或者 1 分别代表着电路的断开（断电）和接通（通电），无数个电路的断开和接通，就实现了传统计算机的整体运行。

相比之下，量子计算机则是使用量子比特，它可以同时是 0 和 1，这就是我们之前介绍过的叠加态（图 8.6）。

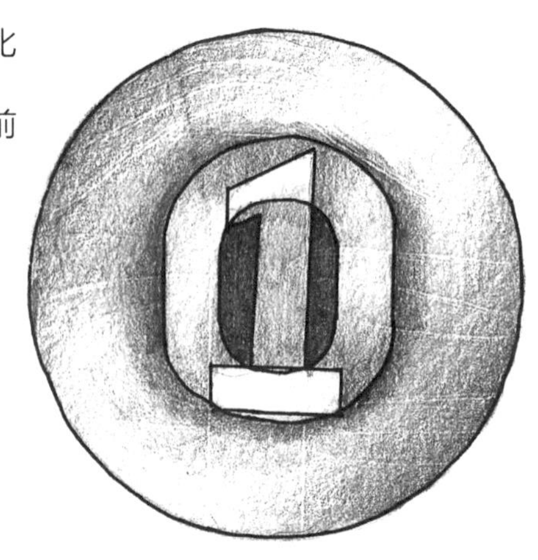

图 8.6

传统计算机中的比特必须在所有的可能中按顺序计算，而量子计算机相当于多了一个维度，也就意味着可以同时进行多组不同的运算。

比如，如果我们需要在 500 本书里搜索一首古诗，使用传统计算机来做这件事的话，一般采用的就是穷举法，简单来说就是这台计算机会一本一本、一页一页地搜索，直到找到这首古诗。

依赖于现在计算机强大的性能，在 500 本书里找一首诗并不是什么难事，计算机可能很快就可以完成任务。但如果是在 5 万本书中甚至是 500 亿本书中寻找呢？恐怕传统计算机需要花很久很久的时间才能完成这个任务。

对于量子计算机来说，它采用了完全不同的策略。同样为了在 5 万本书中找到一首古诗，量子计算机会像孙悟空一样“摇身一变”，化作 5 万台一模一样的计算机，同时跳进书海中搜索，而它所用的时间，也就相当于现在传统计算机在一本书中找一首古诗所用的时间。

再比如，一个奖品藏在 4 扇门中某一扇门的后面，游戏规则是，你必须在尽可能少开门的情况下找到奖品。根据奖品的随机分布概率，传统计算机平均需要至少猜两次才能找到奖品，因为它会使用穷举法连续打开每扇门，直到奖品出现。

然而，量子计算机却可以一次找到奖品，因为它可以一次打开所有的门。也就是说，量子计算机的这种强大的并行高效运算能力，是传统计算机望尘莫及的。

这种计算方式与“平行宇宙”和“多重宇宙”概念有一定的关联。我们**可以理解为量子计算机是在多个“平行宇宙”中同时进行计算，然后汇总结果为单一结果！**而且每增加一位量子比特，能够表示的不同结果组合就呈指数级增长。如果量子计算机使用了 20 位量子比特，就可以同时表示上百万种不同的结果组合。

可是，即便是如此强悍的计算特性，也不意味着量子计算机能解决所有问题。在一些经典计算任务中，传统计算机仍然比量子计算机更为实用。

量子计算机的优势更多地体现在解决复杂的并行计算问题上，目前我们能想到的，包括自动驾驶汽车的协同、金融建模、AI 深度学习、大数据深度分析、天气预报与粒子物理等这些需要同时处理海量数据和进行超大量且复杂运算的领域。

同时，随着量子计算机的不断发展，它很有可能会展现出自身恐怖的一面，比如轻而易举地摧毁目前市面上所有的传统加密系统。幸运的是，我们可以利用微观世界的神奇特性，构建另外一套更加安全的加密系统。关于这个话题，我会在后面的章节详细阐述。

绝对零度下的极限计算

微观世界的神奇特性从来都不会只给我们的科技发展带来好处，而不产生任何制约。支撑传统计算机发展的摩尔定律被量子隧穿效应彻底锁定，同样它也会给量子计算机技术的发展带来制约。而这个制约机制就是我们多次介绍过的波函数坍缩。

目前人类对量子计算机的认知还处于非常初级的探索阶段，有好几条不确定的路径等待着我们去尝试。目前最有希望成为以后行业发展趋势的两条“赛道”分别是 IBM 和谷歌等公司开发的基于超导技术的量子计算机，以及我国潘建伟团队所开发的光量子计算机。

首先，IBM 和谷歌等公司选择的超导电路方案的优势在于，超导电路比较容易集成，生成量子比特比较容易，同时配套了成熟的编程技术。这意味着它是最有希望普及大众的技术路线。但难点在于，这种方案需要计算机在工作时达到绝对零度，也就是摄氏零下 273.15 度。这意味着一台基于超导电路技术的量子计算机在工作时，其绝大部分部件是为了给芯片提供这样的极端条

件而设置的 。结果就是，机器的体积巨大，能耗也不可小视。

另外，处于叠加态的量子比特极易受到“噪声”干扰而发生波函数坍缩（或称“退相干”），这样的话量子算法也就彻底失效了。

这里的“噪声”干扰更多的是指由环境辐射所造成的量子比特退相干。即便研发团队制作了由 2 吨重的铅块组成的防辐射墙，最终还是抵挡不住无处不在的宇宙射线对量子比特稳定性的干扰。

中国光量子计算机

我国的潘建伟团队所选择的是线性光学光量子计算机方案，采用这种方案，不需要为设备核心提供绝对零度那样的极端环境，只需要室温即可。虽然光量子技术很难集成化，可一旦形成量子比特，就不容易发生退相干。但它的技术限制也像前面所说的，线性光学的光量子技术很难集成化。另外，目前仍然无法对光量子计算机编程，这也就意味着它难以通用和普及。严格来说，它目前还只是停留在玻色子采样这一单一功能的专用计算机上。

以目前量子计算机的发展阶段来看，只要在这条路径上不断解决集成化和编程问题，实现 50 个以上逻辑比特的运算规模，即便它最终无法普及到大众生产和生活中，也可以很好地满足一些重点科研项目的计算需求。

人类文明的关键时刻

随着物联网、大数据、人工智能以及基因科学等的发展，各行各业对于算力的需求也与日俱增。这里还是要畅想一下，未来的量子计算机可能会为人类科技带来颠覆性的改变，人类处理大数据的能力将被彻底释放。一旦量子计算机能够为上述课题提供足够的算力支持，那么人类文明将迎来又一次质的飞跃。

一台和人类一样拥有超强自学和思考能力的量子计算机，很可能在某些方面彻底超越人类，并为人类的科技发展带来难以想象的好处。

基因科学家也很可能得益于量子计算机的强大算力，一点点揭开人类基因的奥秘，帮助人类远离疾病和衰老。根据谷歌研究人员库兹韦尔的观点，到 2045 年，人工智能的创造力将达到巅峰，超过今天所有人类智能总和的 10 亿倍。到那时，或许人类将可以对自身基因进行精准的编程，进而使人类成为一种不可思议的生命体。

第 9 章　量子加密通信

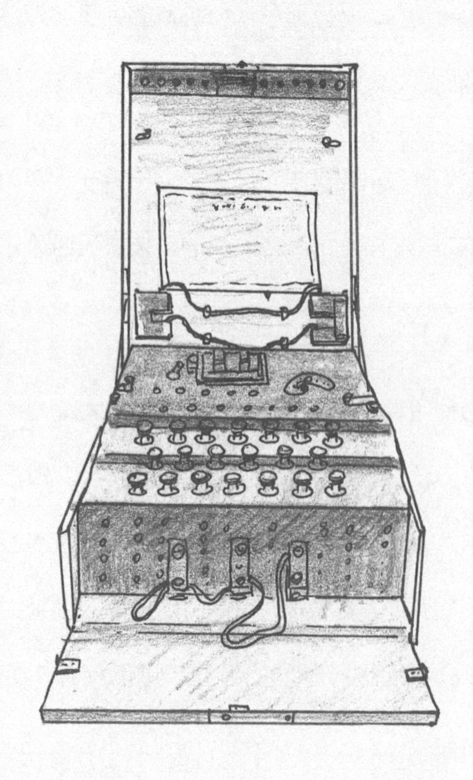

第 8 章中我们谈到，随着量子计算机的不断发展，未来量子计算机可能可以轻而易举地摧毁目前市面上所有的传统加密系统。这给对加密系统有着极高要求的机构和行业带来了极大的焦虑。

不过，俗话说得好，有压力才会有动力。既然人类可以利用微观世界的特性创造出具有超强算力的量子计算机，去威胁现有的传统加密系统，我们同样可以利用它的神奇特性，构建另外一套更加适用于“量子计算时代”的、更加安全的量子加密系统。这一章我们就来重点聊聊量子加密通信的前世今生。

惊心动魄的密码攻防战

自古以来，人类创造了各式各样的加密系统，说到底，是为了在通信过程中保证其信息传递的隐秘性，以避免因为机密信息泄露而带来的损失。大到国家间的战争和商业行为，小到朋友间的一句密文，加密系统涵盖了社会的各个领域，无不体现了加密通信对人类沟通的重要作用。

以往，如果某 A 要将一段信息“safe”秘密地传递给某 B，A 肯定不能直接将这个单词说出来，或者写成文字。所以 A 和 B 之间会约定一套加密逻辑，比如把这个单词的每一个字母向后移动一位（也就是用字母表中它后面一位的字母），以此作为加密手段，结果就是信息“safe”变成了密文“tbgf”。如果看到的人不了解 A 和 B 约定的这套加密逻辑，它显然就是一个完全没有意义的单词，也就可以相对安全地传递。当 B 收到密文“tbgf”后，只需要按照约定，将每一个字母回推一位，就可以解读出 A 真正要传递的信息“safe”。而这一过程的重点，则是 A 和 B 之间约定的这套加密逻辑，在传统密码学中它被称为密钥。当然，真正能够投入使用的密钥，加密逻辑肯定不会如此简单。

在第二次世界大战时期，信息加密与破解技术也在战争双方的竞争中快速发展起来。最终，图灵利用自己设计的炸弹破译机，破解了德国的恩尼格玛密码机（图 9.1）。

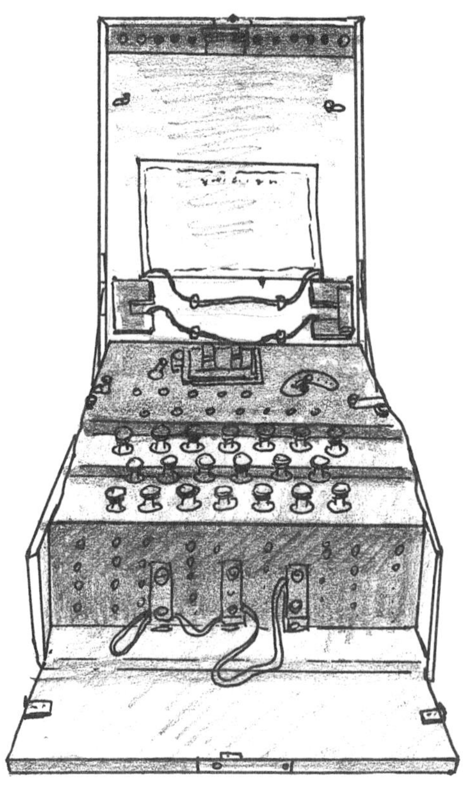

图 9.1

恩尼格玛密码机是第二次世界大战期间德国配备给所有军事部门的主要通信加密工具，肩负着当时德军所有军事指令的发布与接收任务。这种密码机通过其自身转子和接线的不同组合方式，来加密要传递的信息。而且由于组合方式的多样性，德军每天都会更改一次加密逻辑，所以想要破译这台密码机，就必须在 24 小时之内，识破这个拥有一亿亿种不同组合的密码系统。

不过，经过大量的观察与分析，图灵发现德军总是在电文中加上“元首万岁”以及天气情况之类的信息，这些相对固定的信息模式帮助破译人员大大缩小了破译范围，最终幸运地破译了德军的密码。

说到底，图灵创造的炸弹破译机仍然是通过直观的穷举法进行“暴力运算”，从而破译了德军的密码。从这里也可以看出，当时还处在初级阶段的计算机就已经对当时的密码系统产生了巨大的威胁。之后，随着计算机技术的不断发展，人们对加密通信安全性的需求变得更加迫切。直到 20 世纪 70 年代，一种被称为非对称的加密方式的出现才缓解了人们在这方面的焦虑。

几乎完美的非对称加密

非对称加密是相对前面介绍的对称加密方式而言的。对称加密的信息，其加密逻辑和解密逻辑是同一种，加密时做了什么，解密时进行反向操作就可以了。

非对称加密在今天已经算是非常安全的加密方式。非对称加密中最典型的例子，就是大数的质因数分解。比如 102 031×199 853=20 391 201 443 这个乘法等式很容易理解，但如果我问你：20 391 201 443 这个数，是由哪两个质数相乘而来的？你就很难回答了，因为要想得到答案，需要进行大量的计算。而在真实世界各个领域的信息加密环境中，情况往往要比这个例子复杂得多。

非对称加密和解密可以理解为函数和反函数的关系，密码系统中的公钥就是反函数，任何想要与某个平台通信的人，都需要把自己想要传递的信息按照这个反函数的逻辑进行加密。然后平台再用手里的函数，也就是私钥进行转译。这样就可以避免信息被破译。

非对称加密其实在理论上还是存在被破解的可能，只是限于当前传统计算机的算力，可能需要非常多的时间，才有可能通过穷举法对信息进行暴力破解。即便有人尝试利用超级计算机花很多年的时间成功地暴力破解了密码，信息的时效性可能也早已经过去。

但是，以如今的科技发展速度，量子计算机倘若真能施展出强大的并行计算能力，迟早会威胁到所有以传统方式加密的信息。解铃还须系铃人，能否成为“最强信息之盾”，还得依靠微观世界量子的神奇特性。

利用波函数坍缩实现量子加密

通过对本书前 8 章的阅读，相信读者已经对微观世界的特性有了比较直观的认知，所以我们不妨开动脑筋想一想，应该利用微观世界的哪些特性，来打造一个在理论上无法被破解的加密系统呢?

没错，波函数坍缩的特性告诉我们，微观粒子一旦被测量或者干扰，就会改变其状态。这也就等于告诉我们，如果信息在传递过程中被拦截或复制，就会留下痕迹。所以如果我们利用量子的不可克隆性，结合“一次一密”的加密方式，理论上就可以实现一种无法被破解的加密系统。

所谓“一次一密”，是指在加密系统里，每一次将要被传递的信息，都会被一套随机生成的加密逻辑转为密文，转译者收到密文后，需要再从发送方接收之前随机生成的加密逻辑，也就是密钥，方可将手中的密文转译成原文。

当然，这套加密系统的漏洞也是非常明显的。密文的接收者需要再从密文发送方接收之前随机生成的密钥才能完成转译，这一步还是有极大可能使密钥在传输过程中被拦截或复制。但如果这一步是量子态的信息传递，那么量子的不可克隆性就可以很好地防止密钥被拦截和复制。

在实际操作过程中，一串随机生成的密钥用量子信息进行传递的时候，即便被攻击者拦截或复制，随后再次被悄无声息地继续发送给真正的接收者，但凭借微观世界的特性，比如粒子的偏振状态等，信息也会因为攻击者的拦截或复制，由原来的状态改变为另一个状态，那么发送者与接收者之间只需要再约定一套验证密钥是否被拦截的验证系统，就可以实现理论上的绝对不可破解性。

因为一旦验证系统显示密钥被拦截，发送者就会再随机生成另一个密钥。只有密钥的传送过程被验证系统认定为安全，被加密的原文才会以传统方式发送给接收者。这就是 1984 年发布的 BB84 量子密钥分发协议，也被称为量子密钥分发。

关于量子加密通信其实还有一种叫作量子隐形传态的技术。其主要利用量子纠缠的特性进行量子态的信息传输。但由于这个领域目前还处在研究和探索阶段，而且争议也比较大，所以这里不做过多介绍，等到未来相关技术有所突破时，我再来详细说明。